SOCIÉTÉ D'AGRICULTURE ET DES ARTS DE SEINE-ET-OISE

CONGRÈS

DE LA *(848)*

VENTE DU BLÉ

VERSAILLES
28, 29 & 30 JUIN 1900

TOME PREMIER

Organisation. — Règlement et Programme.
Rapports et Travaux préliminaires.

VERSAILLES

IMPRIMERIE AUBERT

6, AVENUE DE SCEAUX, 6

1900

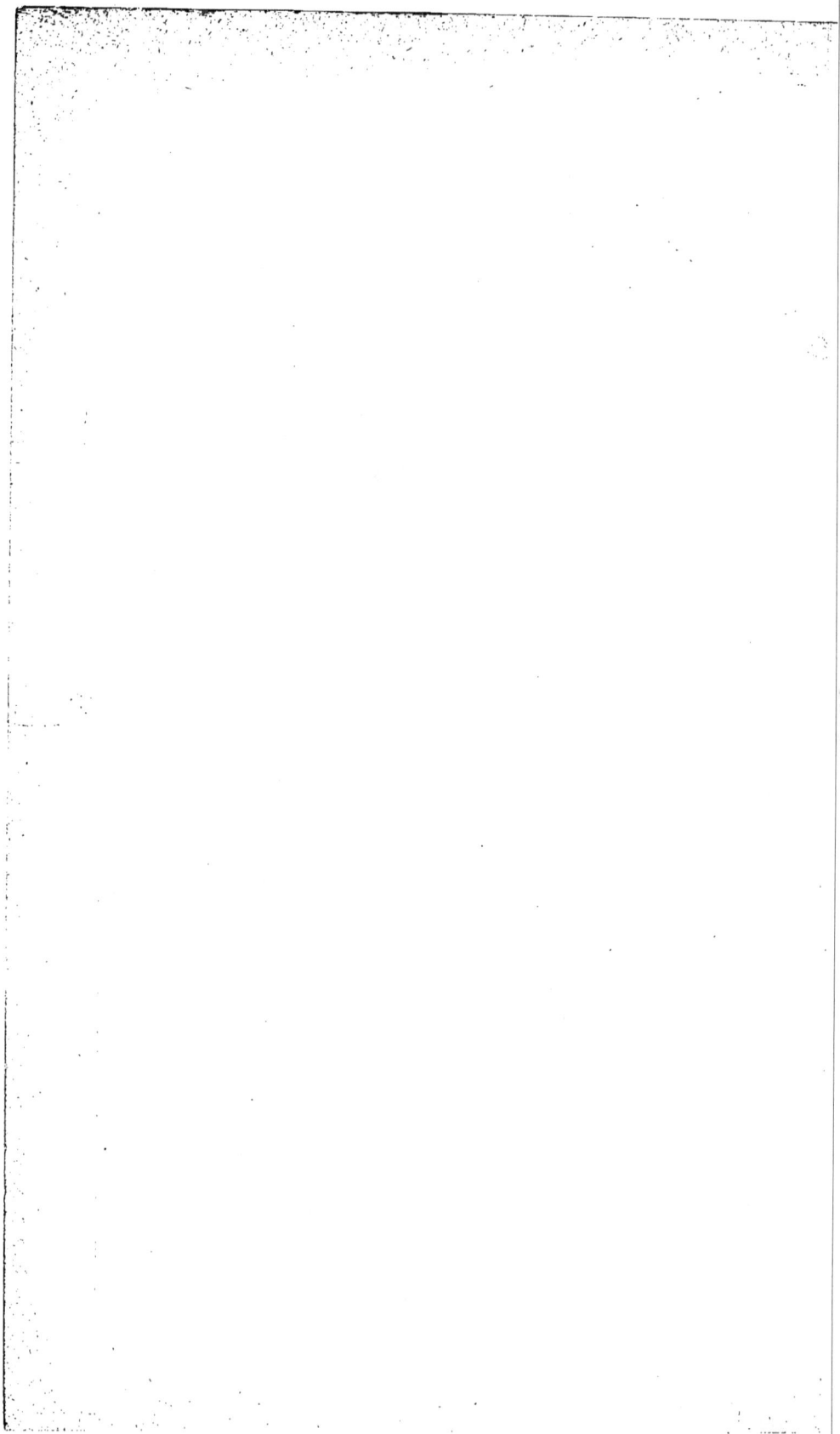

CONGRÈS DE LA VENTE DU BLÉ

VERSAILLES, 1900.

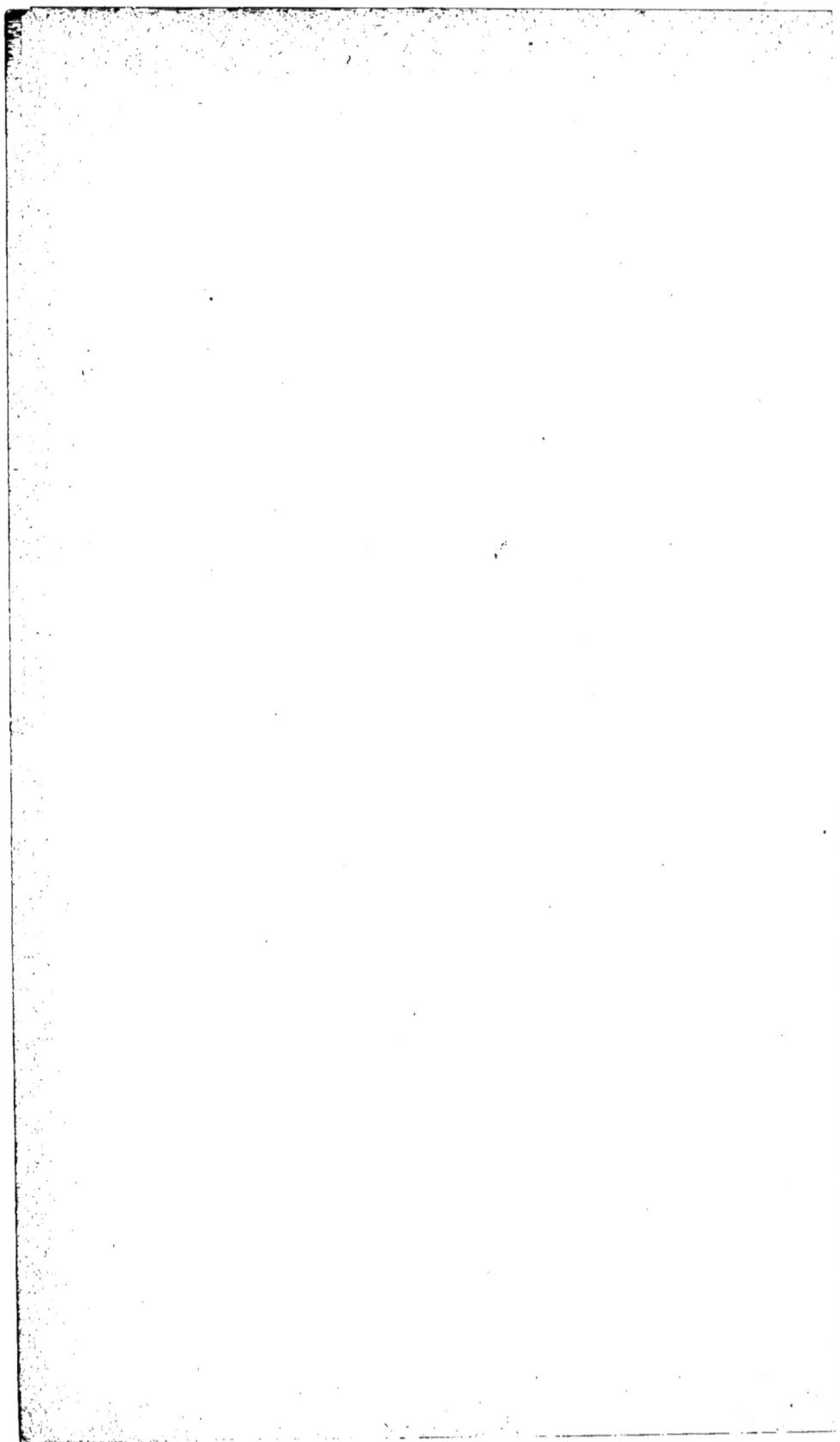

SOCIÉTÉ D'AGRICULTURE ET DES ARTS DE SEINE-ET-OISE

CONGRÈS

DE LA

VENTE DU BLÉ

VERSAILLES
28, 29 & 30 JUIN 1900

TOME PREMIER

Organisation. — Règlement et Programme.
Rapports et Travaux préliminaires.

VERSAILLES

IMPRIMERIE AUBERT

6, AVENUE DE SCEAUX, 6

—

1900

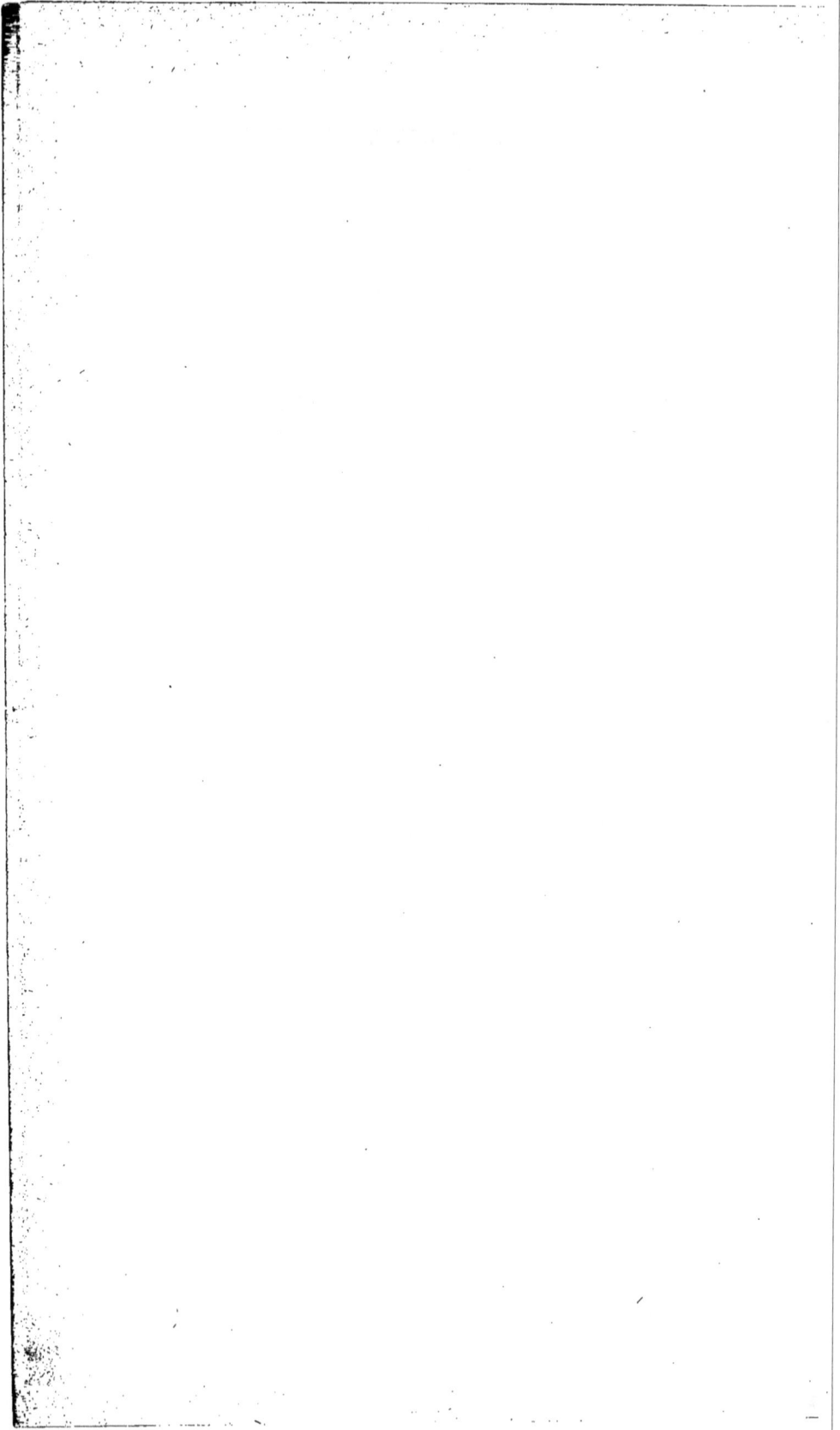

CONGRÈS DE LA VENTE DU BLÉ

Soustraire, dans la mesure du possible, la fixation des cours du blé aux caprices de la spéculation, et, sans prétendre supprimer tout intermédiaire, écarter les influences étrangères au véritable commerce, tel est le but du Congrès.

Il ne s'agit pas tant, dans la pensée de ses organisateurs, de proposer des mesures législatives nouvelles que de se servir des lois votées depuis quelques années dans l'intérêt de l'agriculture et qui n'ont pas encore donné tous les résultats qu'on en doit espérer.

Le domaine du Congrès spécial de Versailles est la recherche des moyens relevant de l'initiative des agriculteurs et, par suite, immédiatement réalisables. Ces moyens paraissent consister surtout dans la constitution de Sociétés coopératives de vente du blé, semblables à celles qui existent, soit à l'étranger, soit même déjà, mais bien rares encore, en France, et dont les principaux organisateurs viendront nous exposer le fonctionnement.

S'il ressort des études du Congrès que des institutions de ce genre sont possibles en France et peuvent y donner de bons résultats, il semblera utile de ne pas se séparer sans jeter les bases d'une organisation collective de la vente du blé en France. Elle comprendrait les quelques Syndicats qui ont déjà fait des tentatives en ce sens, auxquels, nous l'espérons, d'autres ne tarderont pas à se joindre. A la tête de cette organisation serait un Comité permanent, nommé par le Congrès, et qui aurait pour mission de faire de la propagande, soit par des conférences, soit par l'envoi de circulaires, en particulier aux Syndicats. Il se tiendrait à la disposition de ceux qui voudraient s'annexer une Coopérative de vente, et peut-être, un jour, pourrait-il publier régulièrement des cours qui dépendraient des conditions non faussées de la loi de l'offre et de la demande.

Alf. P.

COMMISSION D'ORGANISATION

M. Eugène PLUCHET, Agriculteur à Trappes, Président de la Société d'Agriculture et des Arts de Seine-et-Oise, *Président*.

M. Louis LEGRAND, Sénateur, Conseiller général de Seine-et-Oise, Vice-Président de la Société d'Agriculture et des Arts de Seine-et-Oise, *Vice-Président*.

M. Alfred PAISANT, Président du Tribunal civil de Versailles, *Secrétaire général*.

MM.

Maxime BARBIER, ancien Magistrat, Secrétaire général de la Société d'Agriculture et des Arts de Seine-et-Oise.

Henri BESNARD, ancien Député, Membre de la Société nationale d'Agriculture, Président du Comice agricole de Seine-et-Oise.

CHARONNAT, Directeur des Moulins de Puteaux.

Constantin DURIEZ, ancien Agriculteur.

Paul FOURNIER, ancien Agriculteur.

Ernest GILBERT, Membre de la Société nationale d'Agriculture, Membre du Conseil supérieur de l'Agriculture.

Eugène LEFEBVRE, Membre du Conseil municipal de Versailles, Professeur honoraire au Lycée Hoche.

Th. LOUVARD, Membre du Conseil municipal de Versailles.

Jules NANOT, Directeur de l'Ecole nationale d'Horticulture de Versailles.

MM.

Antoine PETIT, Professeur de Chimie agricole à l'Ecole nationale d'Horticulture de Versailles.

PHILIPPAR, Directeur de l'Ecole nationale d'Agriculture de Grignon.

Vincent PLUCHET, ancien Agriculteur, Maire de Trappes.

Eugène REMILLY, Ingénieur-Chimiste de la Société Française de Meunerie-Boulangerie.

Th. RUDELLE, Avocat, Conseiller général de Seine-et-Oise.

Henri SIMON, Avocat, Docteur en Droit, Adjoint au Maire de Versailles.

Stanislas TÉTARD, Membre de la Société nationale d'Agriculture, ancien Président du Syndicat des Fabricants de Sucre.

Jules TISSU, Avoué près le Tribunal civil, Membre du Conseil municipal de Versailles.

BUREAU DU CONGRÈS

Président d'honneur :

M. Jean DUPUY, Sénateur, Ministre de l'Agriculture.

Président :

M. le baron Alph. DE COURCEL, Sénateur, Ambassadeur de la République française, membre de l'Institut.

Vice-Président :

M. Paul MARET, Sénateur, Président du Conseil général de Seine-et-Oise.

Secrétaire général :

M. Alfred PAISANT, Président du Tribunal civil de Versailles.

Rapporteur général : M. Henri SIMON, Avocat, Docteur en droit, Adjoint au maire de Versailles.

Questeur : M. Jules TISSU, Avoué près le Tribunal civil, Membre du Conseil municipal de Versailles.

Trésorier : M. Th. LOUVARD, Membre du Conseil municipal de Versailles.

Membres :

MM.

Maxime BARBIER, ancien Magistrat, Secrétaire général de la Société d'Agriculture et des Arts de Seine-et-Oise.

Henri BESNARD, ancien Député, membre de la Société nationale d'Agriculture, Président du Comice agricole de Seine-et-Oise.

Paul CAUWÈS, Professeur à la Faculté de droit de l'Université de Paris, Président de la Société d'Economie politique nationale.

DELALANDE, Président de la Chambre syndicale de l'Union centrale des Syndicats des Agriculteurs de France.

DESJARDINS, Député, Membre du Conseil d'administration du Syndicat central des Agriculteurs de France.

Ernest GILBERT, Membre de la Société nationale d'Agriculture, Membre du Conseil supérieur de l'Agriculture.

MM.

Georges GRAUX, Député, Président de la Commission des douanes.

Louis LEGRAND, Sénateur, Conseiller général de Seine-et-Oise.

Eugène PLUCHET, Agriculteur à Trappes, Président de la Société d'Agriculture et des Arts de Seine-et-Oise.

Dr ROESICKE, Député au Reichstag, Président de la Ligue agraire.

Dr SCHEIMPFLUG, Conseiller de direction, Délégué du ministère de l'Agriculture autrichien au Congrès.

SÉBLINE' Sénateur, Président du groupe agricole du Sénat.

Stanislas TÉTARD, Membre de la Société nationale d'Agriculture, ancien Président du Syndicat central des Fabricants de sucre.

Edmond THÉRY, Directeur de *l'Economiste Européen*, Secrétaire général de la Ligue bimétallique française.

RÈGLEMENT DU CONGRÈS

1. Le Congrès de la Vente du Blé se tiendra à l'Hôtel de Ville de Versailles les 28, 29 et 30 juin 1900.

2. L'étude des questions qui seront soumises à ses délibérations est répartie en trois sections :

1re SECTION. — Elaboration du règlement d'une organisation collective de la vente du blé.

2e SECTION. — Moyens d'assurer des débouchés aux organisations à créer ; questions techniques.

3e SECTION. — Etude des organisations déjà existantes à l'étranger ; questions douanières et internationales.

3. Le Congrès comprendra des séances générales, des séances de sections et des visites agricoles.

4. Chaque section résumera ses travaux, sous forme de propositions ou de conclusions qui seront présentées, par écrit, aux séances plénières. Le droit d'amendement ou même d'initiative n'en reste pas moins entier pour chaque membre du Congrès, mais les discussions ne pourront s'ouvrir que sur des propositions écrites et transmises au Bureau de la séance.

5. Les orateurs ne pourront pas occuper la tribune plus de quinze minutes, à moins que l'assemblée, consultée, n'en décide autrement. Le Président demeure maître de réduire cette durée, s'il le juge convenable.

6. Les décisions seront prises à la majorité des membres présents.

7. L'ordre du jour des séances générales est fixé par le Bureau du Congrès.

8. Le Bureau du Congrès statue en dernier ressort sur toutes les questions non prévues au règlement.

9. Les Bureaux nommés par la Commission d'organisation pourront être complétés par les sections.

10. La Commission d'organisation statue souverainement sur toutes les questions financières du Congrès.

11. La cotisation est fixée à 6 francs et à 10 francs ; la première donne droit à l'envoi du volume préliminaire des rapports, la seconde donne droit, en outre, à l'envoi du volume des comptes rendus du Congrès.

La cotisation est seulement de 5 francs pour les membres du Congrès international d'agriculture de 1900. La Commission d'organisation peut la réduire à l'égard de certaines autres personnes, en particulier de celles faisant parties de Syndicats ou d'Unions de Syndicats.

PREMIÈRE SECTION

ÉLABORATION D'UNE ORGANISATION COLLECTIVE
DE LA VENTE DU BLÉ

BUREAU

Président : M. Louis LEGRAND, Sénateur, Conseiller général de Seine-et-Oise.

Vice-Président : M. Eugène PLUCHET, Agriculteur à Trappes.

Secrétaire : M. A. LEDRU, Secrétaire général du Comice d'encouragement à l'agriculture et à l'horticulture de Seine-et-Oise.

Secrétaire adjoint : M. Tony PERRIN, Avocat.

RAPPORTS PRÉLIMINAIRES

Pages.

1. Examen juridique des diverses combinaisons de la vente en commun du blé, par M. A. SOUCHON, Professeur adjoint à la Faculté de droit de l'Université de Paris, chargé du cours libre d'Economie rurale   10

2. Sur l'organisation de la vente des blés par les Sociétés coopératives, par M. André COURTIN, Ingénieur-Agronome, Propriétaire-Agriculteur, au Chêne, par Salbris (Loir-et-Cher)   19

3. Sociétés coopératives ou Syndicats de vente; leurs rapports avec les Banques agricoles, par M. NICOLLE, Directeur de la Coopérative agricole de l'Ouest. .   29

4. Des Sociétés de crédit mutuel agricole, par M. Charles EGASSE, Agriculteur, Membre de la Commission des Caisses régionales agricoles   39

5. Rapports des Sociétés locales de Crédit agricole mutuel avec les Caisses régionales et les Coopératives de vente, par M. ALLAIRE, Agent de change honoraire   42

6. Les Warrants agricoles, par M. Henry MARCHAND, Sous-Directeur honoraire au ministère de l'Agriculture.   46

7. De trois questions préparatoires à l'organisation de la vente en commun du blé, par M. Alfred PAISANT, Président du Tribunal civil de Versailles :

   a) Comment le droit de douane agit-il sur le prix des céréales ?   57
   b) Y a-t-il lieu de diminuer les surfaces consacrées à la culture du blé ? .   61
   c) Des rapports de la Coopérative avec ses associés   63

COMMUNICATION ANNONCÉE

Le nouveau projet Waldeck-Rousseau sur les syndicats, et son influence sur les coopératives à créer, par M. Tony PERRIN.

EXAMEN JURIDIQUE DES DIVERSES COMBINAISONS DE LA VENTE EN COMMUN DU BLÉ

Par M. SOUCHON, professeur adjoint à la Faculté de Droit de l'Université de Paris.

Il y a bien des années que la question de la baisse du prix du blé dans notre pays est posée devant l'opinion française. Jamais peut-être, cependant, elle n'a causé tant de préoccupations que l'hiver dernier; et s'il en est ainsi, ce n'est pas seulement parce que les cours se sont alors affaissés jusqu'à des prix particulière-ment désastreux pour les producteurs, c'est aussi parce que cet effondrement coïncidait avec une période de transformation capitale dans notre économie rurale.

Depuis bien longtemps en effet, la France était loin de suffire par sa produc-tion intérieure à sa consommation de blé, et tout en redoutant les dangers de leur concurrence, elle devait compter sur l'apport des étrangers; mais, malgré une légère diminution des surfaces emblavées en froment, grâce aux perfectionne-ments culturaux, il s'est produit, dans notre pays, un rapprochement continu entre les résultats de ses récoltes et les besoins de ses habitants. On peut même considérer, d'après les résultats de la dernière récolte, que l'équilibre longtemps attendu est désormais à peu près obtenu; et quoique bien des reculs puissent venir encore des hasards des saisons (1), comme la ligne générale du progrès cultural ne sera sans doute pas brisée, il y a là une situation qui est pour se raffermir d'abord et sans doute ensuite pour préparer des temps dans lesquels, s'il n'y a prochainement ni diminution des surfaces de blé, ni augmentation considérable dans les besoins, ces besoins seront bien vite dépassés par une production sans cesse croissante.

En voyant une baisse toute exceptionnelle se produire à un pareil moment, on a dû, nécessairement, se demander si elle n'était pas due précisément à la situa-tion nouvelle dans laquelle va se trouver placée notre agriculture; et, comme nous venons de l'indiquer, cette situation ne paraissant pas devoir être temporaire, il y aurait là quelque chose d'infiniment grave pour l'avenir économique de notre pays. Aussi n'est-il pas étonnant que bien des craintes se soient manifestées, et il est même excusable qu'elles se soient quelquefois traduites par des propositions un peu rapides dans lesquelles on demandait à l'État un secours qu'il ne saurait accorder sans péril, en l'invitant à accorder des primes à l'exportation, plus ou moins déguisées.

La place n'est pas ici de discuter d'une façon approfondie ce que vaudraient de pareils remèdes. Mais ce que nous devons constater, tout au moins, c'est qu'ils

---

(1) Les chiffres tout récemment publiés par le ministère de l'Agriculture (*Journal Officiel* du 31 mai 1900) montrent que, cette année même, la production sera loin d'atteindre les besoins de la consommation.

répondent à des maux imaginaires. Il n'y a pas, en effet, à prévoir ce que pourrait donner plus tard une augmentation imprudente de la production, que saura sans doute prévenir notre sagesse ; mais à prendre les choses en leur état actuel, la France ne donnant pas encore ce qui lui est nécessaire pour sa propre consommation, il est véritablement bien tôt pour parler de la surproduction, des maux qu'elle doit entraîner et des moyens de les atténuer. Comme d'ailleurs, en ce qui concerne la concurrence étrangère, nous sommes protégés par une barrière solide, il n'y a aucune raison normale pour que notre blé français ne se vende pas à un prix rémunérant les producteurs. Or, malgré toutes les difficultés qu'il peut y avoir à dégager des chiffres généraux, quand il s'agit des prix de revient de l'agriculture, on peut sans crainte affirmer que la plupart de nos producteurs français ne retrouvent pas leurs frais quand ils vendent leur froment à 18 francs le quintal.

Il y a donc, en résumé, vente à des prix insuffisants, alors que les chiffres de la production intérieure, combinés avec l'existence des barrières protectrices, sont théoriquement pour empêcher un semblable résultat. Il n'est pas, d'ailleurs, difficile de savoir comment il peut néanmoins se produire, et il est probable qu'aucun des membres du Congrès n'aura l'intention de s'inscrire en faux, quand il lira que le mal provient des défauts de l'organisation de la vente. Il y a bien longtemps, en effet, qu'on a signalé pour la première fois l'influence des excès de la spéculation au point de vue de la dépression des cours (1) ; mais malheureusement, si le mal est si facile à apercevoir, il est malaisé de le combattre, et l'exemple d'un grand pays qui, comme l'Allemagne, a établi un régime répressif contre les spéculateurs, n'est pas absolument encourageant pour quiconque voudrait marcher sur ses traces. Sans entrer dans des détails qui seraient hors de notre sujet principal, on peut dire rapidement que s'il en est ainsi, c'est parce que la spéculation sur les blés se présente comme quelque chose de très complexe, et il est incontestable que si, par certains côtés, elle peut être désastreuse, par d'autres, elle est indispensable. Quand on veut atteindre ses formes nocives, il faut donc savoir les distinguer avec soin de ses formes utiles ; et il y a là un problème dont la bonne solution est quelque chose de singulièrement difficile.

Dès lors, après avoir constaté que l'affaissement des prix vient en grande partie de la spéculation, c'est ailleurs que dans une législation répressive qu'il convient de chercher le remède, et, comme le disait il y a très peu de temps encore M. Méline, on doit essayer de le trouver dans une organisation commerciale de la vente permettant aux agriculteurs de ne pas vendre à contre temps.

A l'heure actuelle, en effet, dans l'immense majorité des cas, les producteurs ne savent ni ne peuvent vendre leur blé au mieux de leurs intérêts. D'abord, en effet, ils risquent d'être victimes de leur ignorance sur la situation générale des marchés. La plupart des bruits qui viennent jusqu'à eux sont précisément répandus par les spéculateurs, et ils ont pour but bien souvent d'amener les agriculteurs à des ventes précipitées par crainte de la baisse, alors qu'en réalité, c'est la hausse qui doit survenir. En outre, quand bien même il n'y aurait pas ainsi de cause d'erreur dans leurs appréciations, les producteurs seraient souvent dans l'impossibilité d'attendre une occasion favorable pour se débarrasser de leurs

---

(1) Voir sur cette question, parmi les publications, notamment Smith (*Revue d'Economie politique*, année 1898, p. 144, 399 et 620), Paisant (*Revue d'Economie politique*, 1898, p. 108 et suivantes). Hammesfahr : le Commerce des grains et des Marchés à terme dans leurs rapports avec les problèmes sociaux.

stocks de blé. C'est qu'au lendemain des récoltes, ils ont à faire des paiements de toutes sortes qui leur commandent impérieusement la vente, et trop fréquemment la période qui est aussi celle de la vente forcée est en même temps celle de la plus grande baisse, puisque c'est précisément à ce moment que la spéculation, pour acheter, a intérêt à provoquer un affaissement des prix.

Pour se rendre compte à quel point ces idées sont exactes, il suffit de reprendre les cours de ces dernières années dans les différents mois de l'année ; voici les résultats que nous donne la statistique officielle :

1895.

Janvier-mars. . . .	22,50 à	. . . .
Avril	23 . .	. . . .
Mai	23,50	. . . .
Juin	24,25	. . . .
Juillet	22,75	. . . .
Août	21 . .	. . . .
Septembre	21,75 à 22,50	
Octobre.	21,75 à 23,50	
Novembre.	21,75 à 23 . .	
Décembre.	22,75	. . . .

1896.

Janvier.	22,75 à 23,75	
Février.	24 . .	. . . .
Mars	24,50	. . . .
Avril	24 . .	. . . .
Mai	23,50 à 24 . .	
Juin.	23 . .	. . . .
Juillet.	22,50	. . . .
Août	21,75 à 23 . .	
Septembre	23,25 à 24,75	
Octobre.	25,25 à 25,60	
Novembre	26 . . à 26,50	
Décembre.	25,15 à 26 . .	

1897.

Janvier.	26,50	. . . .
Février.	27 . . à 25,25	
Mars	26 . . à 24,75	
Avril	24,75	. . .
Mai	25,50	. . .
Juin.	25,25	. . .
Juillet.	25,25 à 26,25	
Août	27,50 à 29,75	
Septembre	30 . . à 29,25	
Octobre.	30 . .	. . .
Novembre.	30 . . à 30,50	
Décembre.	30 . .	. . .

1898.

Janvier	29 . .	. . . .
Février.	29,50	. . . .
Mars	29,50	. . . .
Avril	29 . . à 29,50	
Mai	30 à 37 à 34	
Juin.	28 . .	. . . .
Juillet.	26 . .	. . . .
Août	25 . . à 26 . .	
Septembre	23,50	
Octobre.	25 . .	. . . .
Novembre, ...	26 . .	. . . .
Décembre.	25 . .	. . . .

1899.

Janvier	25,50	. . . .
Février.	25 . .	. . . .
Mars	24,50	. . . .
Juin.	25,25	. . . .
Août	24,75	. . . .
Octobre.	25 . .	. . . .

1900.

Les premiers mois de l'année donnent une baisse qui conduit le blé jusqu'à près de 18 francs. Jamais l'idée dont nous cherchons la démonstration ne s'est trouvée plus exacte.

Il suffit de se reporter à ces tableaux pour se rendre compte dans quelle mesure est justifiée l'idée d'une baisse dans les périodes qui suivent la moisson. Il est vrai que, dans ses *Questions agricoles d'hier et d'aujourd'hui* (2ᵉ série, p. 81), M. Zolla s'inscrit en faux contre de telles affirmations ; et il affirme que c'est un préjugé de croire à une tendance à la baisse dans les périodes de septembre à décembre. Mais les preuves sur lesquelles il étaie son opinion ne nous apparaissent pas extrêmement fortes. Elles résultent, en effet, de la considération de ce qui s'est passé dans les périodes précédant celles pour lesquelles nous venons de relever ces chiffres, particulièrement pour la période de 1886 à 1892. Or, il ressort des tableaux publiés par M. Zolla que, sur les sept campagnes prises par lui comme exemple, il en est quatre (1886-1887, 1887-1888, 1889-1890, 1890-1891) dans lesquelles les prix ont été, dans les trois mois d'octobre, de novembre et de décembre, conformément à ce que nous indiquons, plus faibles que dans les trois mois de janvier, février et mars. Il est vrai que, ni dans un sens ni dans un autre, les différences ne sont extrêmement fortes; mais cela n'est pas nécessaire pour que les pertes des agriculteurs soient sensibles et les gains des spéculateurs considérables.

Pour remédier aux inconvénients d'une telle situation, il y aurait lieu d'abord de faire en sorte de diminuer l'ignorance des producteurs directs sur les conditions probables du marché dans les temps prochainement à venir. Mais ici la réalisation du desideratum est assez malaisée. Il n'y a guère là, en effet, à compter sur les simples Syndicats, parce que les circonstances de nature à influer sur le prix du blé sont extrêmement multiples ; et pour prévoir avec quelque vraisemblance des variations même sur le point de se produire, il est nécessaire d'avoir des données très exactes sur ce qui se passe au double point de vue cultural et commercial dans presque toutes les parties du monde : seules, par conséquent, de grandes unions de Syndicats pourraient avoir la prétention de s'armer pour une tâche aussi délicate. Peut-être, cependant, pourraient-elles y réussir, et c'est là une sphère nouvelle à indiquer à leur activité. En tous cas, à défaut de grandes unions syndicataires, l'État ne sortirait pas de sa mission protectrice des intérêts généraux en prenant l'initiative d'une publication de renseignements organisée de façon à se répandre dans les campagnes et à mettre en garde nos producteurs contre les erreurs intéressées, répandues à certains moments au milieu d'eux.

Mais ceci n'est pas le but essentiel de nos discussions; et, du reste, quand bien même les cultivateurs n'ignoreraient rien des chances du marché, ils seraient toujours exposés à vendre à contre temps pour se procurer de l'argent au moment qui est celui pour eux des gros paiements.

Pour leur permettre de faire, malgré ces besoins de réalisation, leurs ventes de produits dans de bonnes conditions, on peut évidemment recourir au développement du crédit agricole, et, en dehors de toute question d'organisation commerciale, les simples avances faites pour quelques mois doivent déjà contribuer au relèvement de la rémunération des agriculteurs. Nous n'avons cependant pas ici à reprendre la question du crédit aux agriculteurs. De tous les problèmes qui peuvent les intéresser, elle est, en effet, un des plus étudiés au cours de ces dernières années, et nous avons en face de nous une tâche plus intéressante parce qu'elle porte sur un point à la fois précis et moins connu.

Il nous faut, en effet, nous demander si, en dehors des actes de simple crédit, il ne serait pas possible de faire la vente pour le compte des producteurs et d'obtenir ainsi, par le fait même du groupement avec tout ce qu'il comporte d'organisation, des moyens de connaissance et de diminution de frais, des augmentations de prix qui ne retomberaient même pas sur le consommateur, puisqu'elles seraient prises au détriment seulement des bénéfices excessifs de la spéculation.

En France, jusqu'aux heures actuelles, cette question semble avoir été particulièrement négligée; et, dans son livre tout récent sur les Syndicats agricoles,

M. de Rocquigny constatait encore que si certains groupements ont pu, au plus grand bénéfice de leurs membres, organiser la vente de produits secondaires, comme notamment les fruits, rien de décisif encore n'a pu être fait pour les céréales ou pour les bestiaux (1).

Par contre, il est des pays auxquels on songe immédiatement à propos des questions de vente des blés. C'est d'un côté, l'Amérique avec ses élévators et, de l'autre, l'Allemagne avec ses grandes Coopératives de ventes, dont le développement doit être pour nous quelque chose de si instructif.

Mais, pour ce qui est d'abord de l'Amérique, il importe de bien remarquer que si les conditions de la vente du blé ont pu être transformées par l'industrie des élévators, cela n'a pas toujours été pour le plus grand profit des producteurs; et il semble au contraire que dans l'immense majorité des cas, l'opposition d'intérêts qui s'est naturellement établie entre les propriétaires d'élévators et les cultivateurs n'a pas tourné au profit de ces derniers. Pour qu'il en soit autrement, il faudrait que l'industrie des élévators cessât d'être organisée comme elle l'est, et qu'elle prît un caractère de coopération qui en rendrait maîtres les cultivateurs eux-mêmes. Mais il faut bien dire que les quelques essais tentés en ce sens ont été assez malheureux. Les cultivateurs d'abord ont été effrayés des frais nécessaires pour avoir de grands magasins de vente, puis surtout ils ont fort difficilement trouvé des gérants ayant les aptitudes commerciales nécessaires pour bien mener une grande entreprise de ventes et en même temps disposés, dans ce pays essentiellement individualiste qu'est l'Amérique, à mettre ces aptitudes au service d'intérêts collectifs (2).

En Allemagne, il en a été autrement, et, il y a quelques mois à peine, le Congrès de Halle réunissait 170 Coopératives de vente du blé; toutes, d'ailleurs, ayant leurs magasins et pratiquant dans des conditions de moindre centralisation, mais avec tous les avantages de la coopération, un système comparable à celui des élévators américains (3).

En présence de ces faits, il peut nous apparaître au premier abord que, pour nous, l'avenir est une fois de plus dans l'imitation de ce qui a si bien réussi chez nos voisins, et que notre tâche doit, avant toute autre chose, consister à bien connaître ce qui se passe chez eux, de façon à savoir dans quelle mesure il nous sera possible de profiter de leur expérience.

Mais, cependant, il convient auparavant de nous demander si l'organisation de la vente du blé ne pourrait pas se faire, chez nous, en économisant la création des magasins communs et en profitant de certaines dispositions de nos lois, et notamment de celles sur les warrants agricoles, pour faire la vente directement de la grange du producteur au magasin de l'acheteur.

Entre ces deux conceptions, il est fort permis d'hésiter, et, à l'heure où on peut espérer voir dans notre pays le commencement d'une organisation destinée à un grand avenir, il est fort délicat, — et ce sera à coup sûr un des points inté-

---

(1) Comte de Rocquigny : Les Syndicats agricoles et leur œuvre (V. notamment p. 157 et suivantes).

(2) V. sur ces échecs des élévators coopératifs, De Rousiers, La Vie américaine (ranches, fermes et usines), p. 201 et suivantes.

(3) V. notamment : Genossenschaftlicher Getreideverkauf, speziell die Gründung einer Getreideverkaufsgenossenschaft zu Worms von Hrn K. Müller (1895). Il y a là une petite brochure qui donne un excellent règlement pour un élévator coopératif dans la région du Rhin. V. aussi Handwörterbuch, de Conrad (1re édition), au mot « Getreides Handel ».

ressants de nos discussions, de se demander de quel côté pourra s'orienter cette organisation. C'est qu'à coup sûr le système des grands élévators coopératifs est très tentant. Il se traduit, en effet, d'abord par une diminution tout à fait remarquable dans la totalité des frais de conservation. Il est ensuite pour éviter aux agriculteurs des difficultés d'engrangement que déjà, aux heures actuelles, l'augmentation de production peut rendre assez grandes dans certaines régions françaises. Enfin, quand le blé est centralisé, dès après la récolte, dans de grands élévators, la vente est rendue plus facile par le fait qu'il sera facilement classé d'après ses différentes qualités, et qu'il suffit dès lors à l'acheteur de savoir quelle catégorie il demande pour être très exactement fixé sur la valeur de la marchandise qu'il recevra.

Il n'y a pas à douter qu'avec la vente directe, grâce au système du warrantage, ces avantages ne se retrouveront plus au même degré; et il ne saurait plus être question, dès l'instant qu'il n'y a plus création d'élévators, ni d'économie dans les frais de garde, ni de simplification dans la question de l'engrangement. En outre, la vente pour le compte d'un producteur est forcément plus compliquée quand son blé est encore chez lui que s'il était à la disposition de l'acheteur, dans un élévator.

Est-ce à dire qu'en France, aux heures présentes, nous ayons le devoir de nous attacher résolument à la création de grands magasins de vente, et que là doit être le but des efforts en vue d'une organisation rationnelle du commerce des céréales? Rien n'est moins certain. C'est que l'établissement des élévators offre tout naturellement de grosses difficultés, en raison même des frais nécessaires pour leur construction. Où se trouveraient, dans l'état de choses actuel, les fonds nécessaires à une pareille entreprise? Il suffit de poser le point d'interrogation pour comprendre qu'il cache une véritable impossibilité pratique. Encore, cependant, convient-il de remarquer qu'elle est susceptible de disparaître dans l'avenir, et que des Coopératives de vente ayant fonctionné d'abord sans élévators, arriveraient peut-être un jour à des constructions qu'il serait vraiment trop théorique de demander immédiatement.

Du reste, la question du choix entre la construction des élévators et des essais plus simples au point de vue matériel tout au moins n'est déjà plus entière dans notre pays, et du jour où notre loi de 1898, destinée à organiser le warrantage, a repoussé, précisément pour éviter des nécessités très coûteuses, le système des magasins généraux et institué le gage sans dessaisissement, une voie a été ouverte que nous devons maintenant nous efforcer de suivre, si nous ne voulons pas exposer la série des efforts tentés dans notre pays en faveur de l'agriculture à de sérieuses critiques d'incohérence.

Le problème se pose donc de savoir comment il serait possible de nous servir de notre législation actuelle pour créer des organisations destinées à vendre pour le compte des agriculteurs, et en même temps à leur procurer le crédit nécessaire, afin que cette vente puisse venir à son moment le plus utile et ne soit pas imposée à contre temps par les nécessités d'argent comptant. Or, il nous apparaît que, pour arriver à ce résultat, un seul moyen est possible. Il faut, pour que les producteurs puissent avoir de l'argent dès le lendemain de la récolte, commencer par leur faire des avances sur leur blé; puis ensuite, quand les circonstances seront favorables, on devra vendre pour leur compte, payer sur le prix la dette contractée et réaliser ainsi le warrant, puis verser le surplus entre les mains de l'agriculteur pour le compte duquel la vente aura été faite.

Mais il ne suffit pas de décrire ce que doit être l'opération dans son ensemble, et il faut rechercher si elle ne va pas se heurter à quelque obstacle juridique. Or, rien ne s'oppose en droit au warrantage au lendemain de la récolte, puisque c'est pour cela précisément que la loi de 1898 a été rédigée. Rien non plus ne s'oppose à ce que l'agriculteur fasse vendre pour son compte, car c'est là l'exercice du droit commun en matière de mandat ; et la difficulté pourrait naître seulement de la combinaison des deux opérations.

La loi de 1898, en effet, par une conception qui est peut-être regrettable, mais sur laquelle il n'y a pas à essayer de revenir si peu de temps après sa promulgation, en faisant une distinction entre les warrants agricoles et les warrants commerciaux et en n'organisant pas pour les premiers le système des récépissés, n'a pas paru prévoir que le warrant agricole pourrait être autre chose qu'un instrument de gage et devenir un moyen de vente. Il y a même quelque chose de plus, c'est que, sans d'ailleurs qu'il y ait un texte bien précis en ce sens, nombre de commentateurs de la loi de 1898 ont posé en règle l'interdiction de vendre pour le cultivateur qui a donné son blé en gage warranté ; et il faut bien, disent-ils, qu'il en soit ainsi, car le droit du créancier gagiste deviendrait complètement illusoire si le blé assigné était susceptible de lui échapper par le fait d'une aliénation de son propriétaire : c'est là un raisonnement inattaquable ; et il nous paraît certain, en effet, que la vente du blé warranté constitue un de ces actes de détournement prévus par l'article 13 de la loi de 1898 et punis par lui des peines de l'abus de confiance. Mais nous devons remarquer que cette prohibition de vente est dictée seulement par les intérêts du créancier ; et il y aurait à la maintenir un formalisme odieux, quand le créancier et l'agriculteur-propriétaire sont d'accord pour faire la vente. On peut donc dire, en résumé, que si la loi de 1898 n'a pas organisé d'une façon suffisamment pratique la vente à l'aide du warrant, elle ne va cependant pas jusqu'à la prohiber, dans les cas tout au moins où il y a accord entre le propriétaire et le créancier ; et cette entente étant supposée dans l'opération que nous avons décrite plus haut, elle n'a rien de juridiquement impossible. Seulement, jusqu'à présent, nous avons parlé d'une opération crédit-vente en faveur du producteur, sans nous demander par qui exactement elle pourrait être réalisée. C'est une question fort délicate, que le Congrès aura à étudier dans des conditions de complexité telles qu'il y aurait une singulière présomption à paraître vouloir lui dicter sa décision. Quelques remarques destinées à jalonner la discussion peuvent cependant avoir ici leur utilité.

Or, on peut concevoir la réalisation de l'organisation commerciale de la vente du blé, soit par les Syndicats agricoles, soit, mieux encore, car il faut là des mécanismes très puissants, par les unions de Syndicats, soit par les caisses régionales de crédit, soit par des coopératives de vente créées spécialement à cet effet, soit enfin par un système de combinaison entre quelques-uns de ces éléments divers.

Pour ce qui est d'abord des Syndicats, l'exemple de ce qu'ils ont fait déjà pour la vente de quelques produits secondaires peut être de nature à faire penser qu'ils pourraient reprendre des efforts du même ordre pour ce qui est de la vente du blé. Mais, en réalité, quand les Syndicats font un commerce quel qu'il soit, ils sortent du rôle que leur a réservé la loi de 1884, et si une pareille irrégularité est sans inconvénients sensibles quand il s'agit de commerces secondaires, il n'en serait pas de même pour celui du blé. Les opérations à entreprendre sont ici trop importantes, elles peuvent mettre en jeu trop d'intérêts contraires pour qu'il n'y ait pas danger à ce que des nullités puissent être invoquées, qui seraient tirées d'une usurpation de fonctions du Syndicat vendeur.

Pour ce qui est ensuite des caisses régionales de crédit, il semble que nous avons ici un organisme mieux préparé à la mission qu'il s'agit de remplir, puisque cette mission est en grande partie œuvre de crédit et que le crédit est précisément le but de l'activité des caisses régionales. Mais ici encore il faut compter avec les obstacles de droit. L'article 2 de la loi du 31 mars 1899 nous dit en effet : « Les caisses régionales ont pour but de faciliter les opérations concernant l'industrie agricole effectuées par les membres des Sociétés locales de crédit agricole mutuel de leur circonscription et garanties par ces Sociétés. A cet effet, elles escomptent les effets souscrits par les membres des Sociétés locales et endossés par ces Sociétés. Elles peuvent faire à ces Sociétés les avances nécessaires à la constitution de leurs fonds de roulement. Toutes autres opérations leur sont interdites. » En présence d'un texte aussi formel, tout développement est inutile et il nous paraît hors de doute que les caisses régionales, formées conformément à la loi de 1899 et en vue des avantages que leur réserve cette loi, ne sauraient se transformer en organismes de vente.

Quant à des Coopératives qui se créeraient pour entreprendre l'opération complexe mi-partie crédit et mi-partie vente que nous avons indiquée, sans doute elles pourraient légalement fonctionner ; car il n'y a rien dans nos lois qui empêche une Société de combiner de la coopération de vente avec de la coopération de crédit. Mais il faut bien voir que, pour ce qui est des avances sur warrants, les Coopératives nouvelles feraient ici double emploi avec les caisses soit locales, soit régionales, et quand on a tant fait pour organiser le crédit agricole, il serait vraiment singulier d'en arriver à la création de groupements nouveaux qui ne pourraient pas profiter des avantages par lesquels l'État a essayé de développer ce crédit.

Aussi aurons-nous surtout à nous demander s'il ne conviendrait pas de réaliser la double opération de crédit et de vente, qui doit être le but de nos efforts, à l'aide de la combinaison de deux sociétés, dont l'une serait une caisse régionale qui se chargerait du crédit et l'autre une filiale de cette caisse régionale coopérative de vente qui se chargerait de la partie commerciale. Il faudrait, bien entendu, que les deux sociétés étant juridiquement différentes, elles fussent intimement liées dans leur fonctionnement, pour que, au moment où la vente paraîtrait utile, la Coopérative de vente fût toujours assurée du consentement de la caisse régionale ayant le warrant entre les mains.

Si le Congrès estimait que là est l'organisation désirable, les difficultés juridiques à résoudre se trouveraient ensuite réduites à fort peu de chose.

Pour ce qui est en effet de la caisse régionale qui viendrait prendre sa part de la mission à remplir, il n'y a pas à insister longuement sur la façon dont elle pourrait se constituer. La loi de 1899 est en effet présente à l'esprit de tous ceux qui sont préoccupés du relèvement agricole de notre pays.

Quant à la Coopérative de vente filiale de la caisse régionale et qui devrait être liée à elle, il n'y a pas non plus grandes difficultés.

Il nous paraît certain, en effet, qu'elle voudrait prendre la forme très simple, et d'ailleurs usuelle pour les Sociétés de coopération, d'association de capital variable, ce qui, étant donnée la loi de 1893, entraînerait pour elle le caractère commercial.

Il convient cependant d'insister ici sur trois points spéciaux, en se demandant d'abord de quels membres pourrait être constituée la Coopérative de vente, ensuite, quelle serait sa situation au point de vue des bénéfices, enfin comment seraient réglées pour elle les questions fiscales.

Pour ce qui est, en premier lieu, de la composition de la Société, il ne faudrait pas oublier que les opérations à faire par elle supposent, ainsi que nous l'avons indiqué plus haut, un accord complet avec les caisses régionales de crédit; et il nous paraît que le seul moyen d'assurer la permanence de cet accord serait de n'admettre, comme membres de la Coopérative de vente, que les membres de la caisse régionale ou des caisses régionales de crédit auxquelles cette Coopérative de vente serait liée.

En ce qui concerne ensuite les bénéfices, ils pourraient provenir d'une légère commission prélevée sur les opérations de vente faites pour le compte des agriculteurs, et ils serviraient d'abord à la rémunération des quelques capitaux qui seraient nécessaires; puis on pourrait aussi établir un fonds de réserve, destiné à permettre, un jour, la création d'élévators coopératifs, et d'assurer de la sorte un avenir de plus en plus prospère à l'organisation de la vente des céréales.

Quant au côté fiscal, il nous paraît, bien qu'il y ait là le germe de quelques doutes, que la Coopérative de vente du blé étant une association d'agriculteurs en vue de la vente de leurs produits, il y aurait lieu à l'application de l'article 17 de la loi du 15 juillet 1880 en vertu duquel sont exempts de la patente : « Les laboureurs et cultivateurs seulement pour la vente et manipulation des récoltes et fruits provenant des terrains qui leur appartiennent et par eux exploités, et pour le bétail qu'ils y élèvent, qu'ils y entretiennent et qu'ils y engraissent. » Il est vrai que, dans notre hypothèse, à prendre au pied de la lettre toutes les fictions juridiques, la vente ne serait pas faite par les cultivateurs, mais par une Société commerciale ayant personnalité en dehors d'eux. Il n'en est pas moins qu'au fond des choses, il ne s'agit là que d'une vente de produits agricoles au profit des producteurs, et on est absolument, sinon dans la lettre, tout au moins dans l'esprit certain de l'article 17 de la loi de 1880. Il est à remarquer que cette application d'un texte favorable pourrait être invoquée par la Coopérative, quand bien même elle vendrait le blé d'étrangers à l'Association. Cela n'empêcherait pas en effet qu'il y eût, à la suite d'un pacte de mandat, vente pour le compte du producteur direct. Il est vrai aussi que la Coopérative de vente prélèverait, comme nous venons de le voir, une commission destinée à rémunérer ses frais, et sans doute à lui permettre la création d'un fonds de réserve. Mais c'est là, dans l'ensemble de son fonctionnement, un fait secondaire insuffisant pour permettre de dire qu'elle serait faite en vue de bénéfices spéciaux et devrait par conséquent payer une patente, malgré l'article 17.

Telles sont, dans leurs très grandes lignes, les idées sur lesquelles aura à se prononcer notre section. Nul doute que de ses discussions sortent bien des aperçus nouveaux; et l'ambition du rapporteur a été seulement d'amorcer et de jalonner nos travaux, non pas de les diriger. Sa tâche est suffisamment remplie s'il peut avoir l'espoir d'avoir contribué, dans une mesure si faible soit-elle, à une œuvre dont le développement est quelque chose de capital pour notre agriculture française.

A. Souchon.

II

SUR L'ORGANISATION DE LA VENTE DES BLÉS
PAR LES SOCIÉTÉS COOPÉRATIVES

Rapport de M. COURTIN, propriétaire-agriculteur, au Chêne, par Salbris (Loir-et-Cher)

La vente du blé a subi pendant ces dernières années une crise telle que, s'il n'y est promptement porté remède, la situation deviendra insoutenable pour le cultivateur et dangereuse pour l'ensemble du pays, dont le blé est la principale nourriture.

Il est bien certain, en effet, qu'un abaissement continu du prix du blé amènerait forcément la diminution des emblavures. Si cela n'était pas, le blé serait la seule marchandise dont la production n'oscillerait pas en même temps que le prix de vente. Dans l'industrie, ne voit-on pas, lors d'une hausse de prix, des usines abandonnées se rouvrir momentanément pour se refermer si la baisse reprend? Si les mouvements sont, en agriculture, plus lents à se produire, moins réguliers peut-être à cause du temps nécessaire à la transformation des cultures, au renouvellement du mode d'exploitation, ils n'en sont pas moins réels et ne s'établissent pas moins tangiblement et de même façon que dans l'industrie.

Ce mouvement, d'ailleurs, est déjà nettement accentué.

De 1862 à 1892, l'étendue consacrée au blé a diminué de 290,000 hectares et, de 1892 à 1899, de 252,000, soit au total de près de 600,000 hectares.

Cette diminution a été masquée par l'augmentation des rendements, qui ont passé de 13 hectolitres à 16 hect. 40 à l'hectare, et se sont élevés jusqu'à 18 hectolitres à l'hectare en 1898. De sorte qu'en face d'une production totale de 101,691,000 hectolitres, moyenne de la période 1877-1886, on a obtenu 107,114,000 hectolitres pendant la période 1886-1893 et 115,433,000 hectolitres pendant les cinq dernières années 1894-1899, malgré la récolte inférieure de 1897 (86,900,000 hectolitres).

Ce sont les terres les moins riches, les plus éloignées des débouchés rémunérateurs, et celles sur lesquelles la main-d'œuvre s'obtient le plus difficilement, qui les premières souffrent et abandonnent la culture du blé. Les statistiques confirment cette appréciation ; ce ne sont pas les cultures des terres riches qui ont principalement bénéficié de la diminution de l'étendue du blé ; c'est, d'un côté, la pomme de terre, la betterave des terres légères, qui a gagné 200,000 hectares, de l'autre, l'herbage et le pacage, qui ne demandent qu'une main-d'œuvre des plus restreintes et qui ont occupé la partie la plus importante du terrain abandonné par le blé. Au moment d'une crise sur la main-d'œuvre ou sur les engrais, il ne faudrait donc pas espérer voir ces terrains revenir à la culture du blé, puisque la rareté de la main-d'œuvre ou l'absence d'engrais suffisants y a, même en temps normal, arrêté cette production.

La perfection croissante de la culture a fait monter le rendement moyen du blé en France et a amené un espace plus restreint à produire une quantité supérieure. Mais ce mouvement en avant ne peut être continuel, l'augmentation des dépenses croissant, au delà d'une certaine limite, plus vite que le rendement, de sorte que si la diminution des emblavures continuait à s'accentuer, le rendement moyen augmenterait peut-être encore, mais artificiellement pour ainsi dire, à cause de la disparition dans le calcul d'un certain nombre de terres à rendement faible.

Ce phénomène est nettement visible pour les pays où l'étendue cultivée en blé a diminué dans des proportions considérables. Ce sont ces pays dans lesquels le rendement moyen est le plus élevé. Le Danemark arrive en tête de tous les pays avec un rendement moyen de 36 hectolitres à l'hectare, alors que la France et l'Allemagne n'obtiennent que 16,3 environ et les Etats-Unis d'Amérique 11 à 12. Or, dans ces dernières années, le Danemark a réduit ses emblavures de blé à une minime étendue, ayant consacré la plus grande partie de son territoire à l'élevage du bétail et à l'industrie laitière.

Si, en France, les terres qui ne sont pas de tout premier ordre sont, par la baisse des prix, contraintes d'abandonner la culture du blé, celle-ci sera resserrée sur un territoire relativement restreint, l'Ile-de-France et la région du Nord, et n'y aurait-il pas là, en cas de conflit avec l'étranger, un danger très réel pour l'alimentation nationale, danger qui doit faire reculer devant le remède tout indiqué à une baisse insolite des prix — la raréfaction de la marchandise?

Il est certain qu'il est individuellement profitable à chaque cultivateur de resserrer ses emblavures de blé pour les faire mieux, mais on ne peut généraliser et, pour l'ensemble de la France, limiter aux seules très bonnes terres du Nord la culture du blé.

Il est indispensable à notre sécurité nationale que, sur toute l'étendue du territoire, une aire suffisante puisse en toutes éventualités être consacrée à produire le blé.

Avant de trouver les remèdes à la crise, il faut en rechercher les causes. Celles-ci semblent complexes, parce qu'elles se répercutent les unes sur les autres, se confondent et mélangent leurs influences ; mais elles peuvent se réduire essentiellement à trois : la concurrence étrangère, les admissions temporaires et les grosses récoltes en France.

Dans le courant de l'année qui vient de s'écouler, le blé étranger n'a pu concurrencer directement les blés français ; le cours moyen a été de 18 fr. 50 en France, tandis que le blé valait 16 francs environ sur les marchés libres ; si l'on ajoute 7 francs de droits de douane et 1 fr. 50 à 2 francs de transport jusque sur les marchés intérieurs, on arrive au prix de 24 fr. 50 à 25 francs, et l'écart est trop considérable pour qu'il puisse y avoir avantage à introduire des blés étrangers. D'ailleurs, le stock admis temporairement, puis apuré par le paiement des droits, ne s'est élevé qu'à 8,000 quintaux pour les onze premiers mois de 1899, chiffre peu important en comparaison des 1,178,177 quintaux introduits par la même voie l'année précédente.

L'admission temporaire a pu avoir une plus grande influence ; elle permet, par le trafic des acquits-à-caution, d'annuler, en partie tout au moins, le droit de 7 francs, et sert à constituer en entrepôt des stocks qui pèsent comme une menace permanente sur le marché intérieur ; l'importateur, en effet, vendant à un minotier des frontières exportatrices l'acquit-à-caution, en retire 2 fr. 50 à 3 fr. 50, suivant les cours, ce qui réduit, en réalité, le droit à 3 fr. 50 ou 4 fr. 50 ; mais, pour que l'opération soit utile et lucrative, il est nécessaire que l'écart entre les cours des marchés libres et du marché français soit égal ou supérieur à ce chiffre; or, en 1899, l'écart a à peine dépassé 2 francs. Il faut dire, cependant, que l'admission temporaire, telle qu'elle est pratiquée, a une influence dépréciante sur notre marché, qu'elle porte à la spéculation, sans qu'il ait été cependant possible à elle seule d'écraser nos cours d'une façon aussi absolue.

Les deux grosses récoltes de 1898 (129,000,000 d'hectolitres) et de 1899 (128,000,000 d'hectolitres) peuvent, elles aussi, avoir eu leur part d'influence sur les bas prix du blé; ces chiffres, il est vrai, ne sont guère au-dessus de la quantité nécessaire à la consommation (120,000,000 d'hectolitres), et le surplus aurait pu normalement rester dans les greniers ou entre les mains du commerce, pour venir, en cas d'une année déficitaire, combler le vide de la récolte; mais ces deux grosses récoltes successives ont aidé à la dépréciation de nos cours, parce que la spéculation n'a pas, dans ces dernières années tout au moins, joué le rôle compensateur qui est sa légitimation. C'est, en effet, la spéculation pure qui a pris la place la plus importante, cette spéculation qui n'a en vue que le jeu, qu'un but, toucher une différence.

On a dit que la spéculation était la régulatrice des cours, étant seule à acheter lorsque les besoins immédiats de marchandises ne se font pas sentir, empêchant ainsi une dépréciation considérable lorsque des nécessités de vente existent chez les détenteurs. Si, en effet, les choses se passaient ainsi régulièrement, si les spéculateurs en blé se contentaient d'acheter quand les cours sont en baisse et, par là, arrêtaient ou modéraient cette baisse pour revendre en cours de hausse et, par là, arrêter ou modérer la hausse, nous ne pourrions que nous féliciter de l'action de ce régulateur. Malheureusement, l'histoire économique de ces dernières années nous montre la spéculation accentuant au contraire les écarts, dépréciant les cours pour acheter, puis, maîtresse des stocks, poussant en quelques mois (en 1898) la hausse jusqu'à un point tel que le ministère, sous la pression de l'opinion publique, dut suspendre l'effet intégral du droit de douane. Le but atteint, la spéculation en profita pour entrer des quantités considérables et déprécier les cours à nouveau. On peut dire que le régime sous lequel nous avons vécu est celui des cours écrasés tant que le cultivateur a des stocks en main, puis d'une hausse sans justification, sans nécessité, dès que le cultivateur, pressé par le besoin, s'est dessaisi de sa marchandise au profit de la spéculation.

Si celle-ci a pris cette place prépondérante, si elle a pu diriger les cours à son gré, cela tient, en grande partie du moins, à la situation précaire de la plupart des vendeurs qui, dépourvus d'argent, placés dans l'obligation de se procurer les ressources nécessaires à une culture de plus en plus intensive, exigeant une somme de capitaux de plus en plus considérables, ne peuvent trouver de fonds qu'en vendant leurs récoltes. Supposons le producteur garni d'avances suffisantes, il ne se démunirait pas de son blé à des cours au-dessous de son prix de revient, il le conserverait et pourrait alors, sinon régler le marché, car le blé a cours sur le monde entier, du moins maintenir le prix à un taux normal et rémunérateur.

L'ensemble de ces causes influant dans une mesure différente, mais toutes dans le même sens, a amené cette mévente des blés à laquelle il importe de remédier si nous ne voulons voir diminuer notre patrimoine agricole.

De même que les causes de baisse, les mesures à prendre pour y remédier sont multiples. Les unes : la modification du régime des admissions temporaires, l'inscription au tarif douanier de tous les produits agricoles et de leurs similaires étrangers, sont d'ordre législatif; les autres sont d'ordre agricole et peuvent être prises par le cultivateur lui-même. Celles-ci sont assez nombreuses, n'ayant chacune qu'une influence médiocre, mais pouvant, par leur ensemble, amener une amélioration : l'utilisation du blé dans la nourriture du bétail, la culture plus intensive, dans les terres pauvres, d'une étendue de blé plus restreinte; enfin, celle dont l'influence serait la plus sensible peut-être : l'organisation de la vente du blé.

A l'heure actuelle, la vente du blé est inorganique; chacun, même détenteur d'un lot peu important, vend comme il peut, où il peut, sans se préoccuper de son voisin, sans qu'il ait recours à d'autre aide que quelques renseignements puisés de droite et de gauche, sans qu'il y ait en face de l'accord des acheteurs autre chose chez les vendeurs qu'une désunion complète, une anarchie absolue.

Pour résister aux efforts de la spéculation à la baisse, pour mettre un arrêt à la diminution constante du prix, trois points sont indispensables à réaliser : 1° que le cultivateur n'ait pas, au moment de la récolte, au moment où tous les greniers sont pleins, d'immédiats besoins d'argent ou, du moins, trouve à bon compte le nécessaire; 2° qu'il soit suffisamment renseigné sur les mouvements des stocks et des cours pour pouvoir profiter du moment favorable; 3° enfin, qu'il puisse atteindre directement la consommation et réduire le nombre des intermédiaires aux seuls indispensables; en un mot, qu'il soit sur le même pied que le spéculateur, qu'il ait les mêmes armes que lui : l'argent, les renseignements et les débouchés.

De plus, les spéculateurs sont quelques-uns, les cultivateurs sont légion; l'entente est facile entre ceux-là, difficile, sinon impossible, entre ceux-ci, s'ils restent isolés à l'état d'unités perdues sur le marché du monde.

Quels essais ont été tentés en France pour arriver à ces résultats?

Sur le premier point, pour parer au manque d'argent, pour arrêter l'envoi sur le marché, dès la récolte, d'une masse de blé supérieure aux nécessités courantes, une loi a bien été votée, ces dernières années, pour fournir, par le warrantage à domicile, les sommes nécessaires au cultivateur et lui permettre d'attendre; mais le taux auquel l'argent peut être ainsi trouvé (8 à 10 p. 100), les démarches et le temps nécessaires pour arriver à cet emprunt, les dangers même d'une telle opération sur une marchandise de conservation aussi délicate que le blé, en ont empêché jusqu'ici la mise en application; il est à craindre qu'il en soit longtemps ainsi, et que la bonne volonté qui a présidé à l'élaboration de cette loi ne reste sans effet.

Ce n'est pas à dire que, dans quelques cas particuliers, le warrantage à domicile ne puisse rendre des services et faciliter au cultivateur l'attente d'un moment favorable à la vente; mais il serait nécessaire que les formalités fussent rendues aussi simples que possible; que les frais encore trop élevés, malgré la réduction faite par le décret du 29 octobre 1898, fussent abaissés, surtout pour les warrantages de peu d'importance, et que le warrant trouvât auprès des grandes banques, et notamment de la Banque de France, un accueil moins défavorable.

Le blé est une marchandise de conservation assez difficile, et, dans des exploitations de modeste importance surtout, les locaux où il peut être gardé n'offrent pas une sécurité suffisante contre les insectes, les rongeurs, etc., pour une garde assez longue; souvent le cultivateur hésitera à warranter, dans la crainte qu'un accident imprévu ne vienne à diminuer la valeur du gage dont la loi lui laisse la garde, mais aussi la responsabilité.

Les dépenses occasionnées par la garde du blé sont aussi une des causes qui engagent le cultivateur à vendre dès la récolte; et si l'agriculture n'a pas utilisé aussi fréquemment que le commerce le warrantage dans les magasins généraux, cela tient bien plutôt aux frais de garde et aux dépenses de manutention, désachage, pelletage, etc., réclamés par les magasins généraux, — mal outillés pour ce genre d'affaires et ne désirant pas, d'ailleurs, les pratiquer, — qu'aux frais de transport du grenier au magasin général, comme on l'a souvent dit.

Un magasin établi spécialement pour la conservation du grain n'aurait pas d'aussi lourdes dépenses et rendrait de grands services, soit par le warrantage dans le magasin, soit en facilitant le warrantage à domicile.

Un exemple existe, d'ailleurs, en France, où la Société pour la vente des blés de l'Anjou a, si je ne fais erreur, obtenu de bons résultats par le warrantage, même sans dessaisissement.

L'initiative des Syndicats a, elle aussi, cherché à faciliter au cultivateur l'obtention de l'argent nécessaire. Des caisses rurales ont été fondées en maints endroits et il est à espérer qu'elles prendront, comme dans les pays voisins, un important développement. Ce sont certainement ces caisses mutuelles qui pourront le plus économiquement fournir aux cultivateurs les avances nécessaires, et les résultats qu'elles ont donnés jusqu'ici permettent d'espérer qu'elles réaliseront le prêt à bon marché et qu'elles feront aussi un peu l'éducation commerciale du petit cultivateur qui, trop souvent encore, ne sait pas utiliser le crédit, le comprend mal et, dès lors, le craint.

Les Syndicats ont fait aussi des essais pour renseigner leurs adhérents et leur trouver des débouchés. Certains envoient chaque semaine à leurs membres le cours du blé sur les marchés de la région, et, en regard, le prix du blé étranger au Havre ou à Liverpool, qui, augmenté du droit de 7 francs, forme la limite au delà de laquelle le blé français pourrait être directement concurrencé par le blé étranger.

Dans quelques régions, les Syndicats sont en outre parvenus, dans certaines circonstances, à supprimer des intermédiaires, à faire arriver directement leurs adhérents jusqu'au consommateur important; mais les résultats obtenus ne sont que des résultats partiels dus à quelque circonstance favorable de temps ou de situation, sans que l'on puisse dire qu'il y ait organisation de la vente du blé par les Syndicats.

Si les Syndicats n'ont pas réussi dans leurs efforts pour organiser la vente des grains de façon aussi décisive que pour l'achat des engrais, cela tient surtout à la forme même des Syndicats, qui n'est pas une forme commerciale; les Syndicats sont impersonnels et, par là, ne peuvent assumer les obligations du commerçant. Toute organisation, en effet, qui permettra au cultivateur d'atteindre directement la grosse consommation devra assumer forcément toutes les obligations incombant, à l'heure actuelle, à l'intermédiaire.

Mais si les Syndicats ne peuvent se charger pour eux-mêmes de telles responsabilités et de tels risques, ils peuvent créer auprès d'eux, comme ils l'ont fait déjà pour d'autres branches de leur activité, des institutions annexes chargées de la vente et leur prêter l'appui de leur force morale si légitime et si grande, qui a maintenu étroitement unis tant de cultivateurs petits ou grands, riches ou pauvres, et les a fait, pour ainsi dire, vivre d'une vie professionnelle et économique commune.

Nous possédons donc déjà les rouages nécessaires à cette organisation de la vente du blé. Les Syndicats donneront la cohésion et l'entente indispensable, les résultats déjà acquis, les renseignements.

Le warrantage à domicile, les caisses de crédit rural et les caisses régionales doivent pouvoir fournir les avances et les capitaux indispensables pour permettre à l'agriculture de n'être plus autant à la merci de la spéculation.

Pour coordonner les mouvements de ces divers rouages, il semble nécessaire de créer un nouvel organisme de forme commerciale, qui sera pour ainsi dire la résultante des efforts déjà faits et qui permettrait par sa forme même d'atteindre au dernier but désiré, la vente directe à la consommation ; c'est l'organe même de la vente, c'est la société de vente du blé.

Pour une telle société, la forme coopérative est tout naturellemnent indiquée, car les principes de mutualité et de solidarité seuls peuvent faire l'union des cultivateurs en face des acheteurs. Les Sociétés coopératives ont l'inconvénient de ne pouvoir prendre de grains qu'à leurs seuls adhérents et ont, par là, un champ d'action plus limité ; mais elles ont l'avantage d'intéresser directement le cultivateur à la réussite, et de lui donner une part légitime dans la direction.

Ajoutons que les Sociétés coopératives seront moins que d'autres tentées par la spéculation.

En Amérique, les Sociétés d'élévateurs, qui sont des sociétés de capitalistes sans attache directe avec la culture, ont complètement monopolisé entre leurs mains le commerce d'entrepôt et règlent le marché à leur guise. Si de semblables sociétés de vente de grains non rattachées par la mutualité à la culture venaient à se fonder, le remède serait peut-être pire que le mal. Nous n'aurions fait que changer d'intermédiaires.

Il faut que les cultivateurs fassent eux-mêmes leurs affaires ; mais, ne pouvant pratiquer chacun chez soi les opérations nécessaires à une vente fructueuse, il faut qu'ils s'unissent, qu'ils fassent en commun ce que l'isolement les empêche de faire.

Quel serait le rôle de ces Sociétés coopératives ?

Devraient-elles se borner à centraliser les offres de leurs adhérents, à se procurer leurs échantillons avec l'autorisation de vendre à un prix minimum ? Il semble que ce système soit insuffisant. Les difficultés résultent non seulement du peu d'importance de quelques lots, de la multiplicité des lots différents, mais de l'hésitation qu'ont souvent les détenteurs à consentir à vendre leurs blés à un prix non exactement fixé ; de plus, ce sont pour la Coopérative des déplacements fréquents et onéreux qui diminueraient d'autant les bénéfices. Si l'on veut arriver à atteindre directement le gros consommateur, il faut agir exactement comme agit le commerçant de village, grouper les lots, les échantillonner, les mélanger, etc.

De plus, un service important viendrait s'ajouter à celui rendu par cette centralisation, c'est la conservation même des grains.

Dans bien des fermes, les greniers sont insuffisants pour une bonne conservation ; ils ont été établis quelquefois depuis de longues années et les récoltes ayant augmenté dans des proportions considérables, ils ne sont plus en état de permettre un aérage, un séchage parfait des grains. N'a-t-on pas souvent entendu la minoterie déclarer qu'elle ne pouvait travailler les grains français de façon aussi parfaite que les grains étrangers, à cause de leur moins grande siccité ? Les Sociétés coopératives pourraient établir des magasins communs qui auraient non seulement l'avantage de présenter les aménagements nécessaires à une bonne conservation, mais pourraient centraliser les produits des diverses fermes de la région et en faire des lots suffisamment importants permettant, par exemple, de soumissionner à des adjudications publiques.

Ici s'impose une distinction entre les pays de grande et de petite culture. Dans les premiers, ce service de centralisation serait évidemment moins nécessaire, parce que les cultivateurs de grandes étendues de blé possèdent des stocks assez importants et assez uniformes pour que la vente directe en gros soit possible ; mais, dans les pays de culture moins étendue, où chacun ne possède qu'un lot d'importance médiocre, différent de qualité avec celui de son voisin, différent aussi souvent de variété, la vente directe en gros, la soumission aux adjudications sont impossibles sans une centralisation qui permettra de réunir ensemble plusieurs lots, de faire des mélanges, de façon à obtenir avec de petits lots disparates un gros lot uniforme et marchand. Ajoutons que, dans ces cas, les frais de garde et de conservation seraient réduits au minimum, car il est évidemment moins coûteux de conserver 10,000 quintaux de blé, par exemple, en un seul lot, que 1,000 lots de 10 quintaux chacun.

Il semble donc que, pour arriver à organiser la vente du blé, il soit nécessaire de construire des greniers ou magasins communs. Ceux-ci ne pourraient être organisés de même façon dans les pays de grande culture et dans les grands centres que dans les pays de petite culture, et, par là, j'entends les régions où chaque ferme ne fournit que des lots d'importance médiocre. Dans ces derniers devraient être établis des greniers ruraux, qui se chargeraient de centraliser et de conserver ensemble les petits lots des cultivateurs. Dans les grands centres, au contraire, là où les petits lots sont l'exception, seraient établis des magasins régionaux, qui n'accepteraient que les lots importants, et dont le rôle serait au moins, autant la recherche du débouché et la vente, que la conservation.

Pour pouvoir mélanger, échantillonner, etc., il est indispensable que la Coopérative soit maîtresse absolue de la vente, que le cultivateur lui abandonne tous ses droits sur le blé, moyennant une somme réglée d'après la catégorie dans laquelle sera classé le blé, somme en dehors de laquelle le cultivateur n'aura à réclamer que sa part dans les bénéfices sociaux.

Ces catégories permettraient de classer rapidement les grains, surtout dans les régions où les lots sont disparates, et d'établir sans discussion la somme à donner au producteur pour la prise en charge de son blé.

Cette classification sera certainement un des points desquels dépendra le plus ou moins de réussite de l'institution. Une commission de réception trop large dans ses appréciations compromettrait la sécurité de la Société; trop étroite et serrée, elle risquerait d'écarter les offres.

Les difficultés premières viendront en grande partie, en effet, de l'hésitation des cultivateurs, de leur crainte du nouveau et de leur manque d'esprit d'initiative ; et, s'ils n'y trouvent pas un avantage immédiat et tangible, ils abandonneront difficilement leurs vieilles habitudes.

Il n'en est pas, d'ailleurs, ainsi seulement en France, car nous trouvons la même pensée exprimée presque textuellement dans un rapport de M. Müller, secrétaire de la Société d'agriculture de la Hesse rhénane, sur le même sujet.

La Société coopérative, munie de ces deux organes, les greniers ruraux, les magasins régionaux, aurait plusieurs moyens différents d'agir.

Tout d'abord, il y a une distinction à faire entre les lots suffisants pour mériter une garde particulière, et les petits lots.

Pour les lots importants, le cultivateur pourrait, soit abandonner à la Coopérative la libre disposition du grain, moyennant, comme nous l'avons dit, une somme dont le montant dépendrait de la catégorie de classement du blé, soit simplement charger, moyennant rétribution, la Coopérative de la conservation du grain. Dans ce cas, la Coopérative consentirait au cultivateur un prêt sur le grain déposé dans les magasins.

Pour les petits lots, la Coopérative ne pourrait se charger de leur conservation par lots isolés, le coût en serait trop élevé ; le cultivateur devrait donc ou donner à la Coopérative la libre disposition des grains, ou le conserver chez lui ; mais, dans ce cas, la Coopérative pourrait consentir également un prêt sur warrant à domicile.

La prise en charge du blé, c'est-à-dire la faculté par la Coopérative de faire tout mélange et toute vente, doit être préférée et pour les adhérents et pour les Sociétés. Ceux-là connaissent de suite le prix de vente ; celle-ci ne risque pas qu'en règlement de compte il y ait récrimination sur le prix auquel elle a dû céder ces grains. S'il n'y avait qu'une seule qualité, les réclamations seraient moins à craindre, mais si, comme cela arrivera toujours, la Coopérative possède plusieurs types, il se peut que, pour faciliter les transactions, elle soit amenée à faire une concession sur l'un d'eux, et les déposants de cette qualité pourraient se croire lésés.

Afin de mieux fixer les idées, supposons un grenier rural établi et voyons comment il pourrait fonctionner.

A la récolte, chacun des membres apporte, au sortir de la machine à battre, les grains qu'il ne voudra pas conserver pour sa nourriture ou celle de ses animaux. Ces grains seront immédiatement examinés par la Commission de direction du grenier commun et nommé par l'assemblée générale de la Coopérative.

Cette Commission sera seule juge de la qualité du grain ; c'est elle qui classera dans telle ou telle catégorie. Si le sociétaire n'élève aucune objection sur le classement, il recevra immédiatement une partie déterminée (2/3 par exemple) de la somme à lui revenir, le reste ne lui étant versé que plus tard, soit après la vente du grain, soit dans un délai convenu. Ce grain sera pris en charge par la Coopérative, et le sociétaire n'aura rien à débourser pour la garde.

Si le sociétaire n'est pas d'accord sur le classement et que son lot n'atteigne pas le quantième fixé par la garde particulière, il devra remporter son grain, mais la Commission pourra lui constituer un prêt sur warrant à domicile, dont le montant serait fixé, au maximum, au tiers de la valeur fixée par la catégorie dans laquelle le blé a été classé par la Commission.

Si le lot atteint le quantième pour lequel la garde particulière est acceptée, le lot sera immédiatement envoyé au magasin régional.

Les **greniers ruraux** n'auraient donc besoin que d'un espace assez restreint, d'autant de compartiments seulement qu'il serait établi de catégories.

Les commissions des greniers ruraux n'auraient, de cette façon, qu'à mélanger ces grains, créer les types marchands sans avoir à s'occuper des lots particuliers ; elles devraient s'efforcer de chercher à produire la marchandise demandée par les meuniers du pays, mais si ceux-ci n'étaient pas assez nombreux ou voulaient trop faire la loi, les greniers ruraux trouveraient dans les magasins régionaux aide et secours.

Les **magasins régionaux** seraient installés dans un grand centre, autant que possible près d'un marché important, là où des cultures plus étendues donneraient un nombre de petits lots moins considérable. Ils recevraient les grains de la même façon que les greniers ruraux, soit directement des adhérents, soit par l'intermédiaire de ces greniers. De même que ceux-ci, ils pourraient prendre en charge ferme ou recevoir simplement des grains en dépôt.

Dans ce dernier cas, le magasin sera chargé seulement de la conservation, pour laquelle il sera dû une redevance ; le déposant devra supporter en outre un pourcentage de perte à déterminer. Sur ces dépôts, une avance sera faite qui pourra s'élever à la moitié de la valeur du grain. Les magasins ne feraient pas le warrantage à domicile, leurs adhérents seraient, en effet, de gros cultivateurs qui trouveront facilement crédit aux banques locales et qui n'auraient pas un besoin aussi pressant de cette aide que les détenteurs de petits lots.

La Commission de direction de ces magasins, placés dans les grands centres d'affaires, aurait comme tâche principale de se tenir en rapport constant avec les gros acheteurs, de chercher des débouchés, de soumissionner en adjudications publiques, etc.

En fin d'exercice, au magasin comme aux greniers communs, après réserve faite pour garantir l'avenir, les bénéfices seraient partagés entre les sociétaires au prorata de leurs livraisons.

Une question reste à élucider, et non la moindre.

Quel serait le coût de semblables installations, où trouver l'argent nécessaire ?

Ici je ne puis que citer des chiffres donnés pour des installations déjà existantes.

A Trossberg, Haute-Bavière, un magasin a été construit pour 15,000 francs ; à Hohenhoë, Basse-Bavière, pour 12,500 francs ; à Ratisbonne (immeuble loué), 5,000 francs ; à Shoence, Haut-Palatinat (immeuble loué), 2,500 francs ; à Stambach, Franconie, 5,375 francs ; à la gare de Landshut, 35,000 francs.

Enfin, dans un rapport présenté à l'Union des Sociétés d'agriculture de la Prusse rhénane, M. Wygodzinsky cite les chiffres suivants donnés par Ramm : un grenier genre élévator américain, pouvant emmagasiner ensemble 2,500 quintaux, coûterait 10,000 francs (8,000 marks). Il estime que, dans le courant de l'année, 30,000 quintaux pourraient passer par ce magasin.

L'intérêt, l'entretien et l'amortissement s'élèveraient à 1,740 francs (1,360 marks) ; les frais commerciaux, à 1,440 francs ; au total, une dépense annuelle de 3,300 francs, soit 0 fr. 07, chiffre rond, par quintal.

Ce n'est pas là une dépense exagérée, et les frais de garde et de courtage, que ces institutions pourraient supprimer, sont beaucoup plus élevés ; mais encore faut-il trouver l'argent nécessaire.

Pour les frais de construction, il est hors de doute que la plus grosse partie devrait être fournie par les adhérents eux-mêmes, sous forme de parts.

Le reste et les fonds de roulement nécessaires pourraient être obtenus par d'autres moyens. En Allemagne, l'Etat fait des avances à intérêt modéré : les sommes déjà prêtées ou à prêter dans un délai rapproché s'élèvent à plus de 3,000,000 de marks, soit 3,750,000 francs.

En France, les 40,000,000 de la Banque de France pourraient ainsi trouver une fructueuse utilisation. Les caisses rurales et les caisses régionales, qui sont les bénéficiaires directs de cette somme, pourraient prêter un puissant appui en avançant à bon compte les sommes reçues de la Banque, et en se faisant les banquiers des Coopératives.

C'est là que doivent se trouver les sommes nécessaires, d'autant que les risques à courir ne seraient pas considérables, la plus grosse partie des avances pouvant être hypothéquées sur les immeubles à construire.

Ce serait un des moyens de faire rendre aux caisses rurales et régionales d'importants services, qui s'ajouteraient à ceux qu'elles ont déjà rendus.

Nous obtiendrions ainsi, grâce à la mise en œuvre d'ensemble de toutes ces forces, Syndicats, Caisses régionales ou rurales, une véritable organisation commerciale de la vente du blé.

A la base, l'organe commercial même, la Coopérative, conservant et préparant les grains, les mettant à portée de la grosse consommation ; au milieu, les Caisses régionales et rurales, prêtant leur concours financier, apportant un crédit à bon marché ; enfin, à la tête, donnant l'ordre et la cohésion, les Syndicats, dont la puissante organisation d'achat serait elle-même ainsi complétée et consolidée.

Evidemment, il ne faut pas se faire trop « d'alléchantes illusions », comme le dit M. Wygodzinsky, dans son rapport précité ; il ne faut pas avoir la prétention de régler ainsi le marché du monde et de faire remonter d'un coup les cours à un taux inconnu depuis de longues années. Mais l'action de ces Sociétés, pour être plus modeste, n'en serait pas moins des plus utiles et des plus favorables à l'agriculture.

La spéculation, ayant devant elle une organisation complète, pourvue de capitaux suffisants, serait retenue dans son rôle économique de compensation des cours ; son influence serait réduite, et si, de plus, le producteur se trouvait rapproché du consommateur et lui fournissait la marchandise qu'il demande, un grand pas aurait été fait, un peu d'élasticité serait rendu à nos marchés.

Si 0 fr. 25 par hectolitre de frais divers, de conservation, d'échantillonnage, étaient économisés ainsi, ce serait déjà 30,000,000 de francs que, chaque année, cette institution épargnerait à la culture française.

Mais si nous regardons plus loin, l'avenir, peut-être, nous réserverait de plus brillants résultats encore.

Au lieu de la vente du blé brut, ne serait-il pas possible d'arriver à la vente de la farine et même du pain ? En quelques endroits, des meuneries-boulangeries coopératives ont été établies, et les résultats qu'elles ont donnés, s'ils sont encore trop récents et trop locaux pour pouvoir être généralisés, n'en sont pas moins engageants.

Un homme, dont les dernières années ont été consacrées à la cause de l'agriculture et des Syndicats, M. le Trésor de la Rocque, quelques mois à peine avant que la mort vînt l'enlever à l'estime des huit cents Syndicats qu'il inspirait, était revenu du midi de la France si émerveillé des résultats obtenus par une meunerie-boulangerie coopérative, qu'il nous disait, à une séance de la Chambre syndicale de l'Union, que la création de ces meuneries-boulangeries était un des principaux buts où devait tendre l'action des Syndicats.

C'est fort de cette autorité que je viens vous dire : si les efforts auxquels je vous convie semblent disproportionnés aux résultats à obtenir, ne désespérons pas cependant de l'avenir. Les Sociétés coopératives de vente sauront un jour rapprocher le producteur du consommateur, et l'idée de mutualité et de coopération sera, sur ce terrain comme sur tant d'autres, l'idée fécondante du siècle qui s'ouvre.

En conséquence, je vous propose d'adopter les résolutions suivantes :

1° Le Congrès de la vente du blé émet un avis favorable à la création de Sociétés coopératives de vente de blé organisant des greniers ruraux et des magasins régionaux ;

2° Le Congrès émet le vœu que les Caisses de crédit mutuel régionales, instituées par la loi du 31 mars 1899, avancent aux Sociétés coopératives ainsi fondées les fonds nécessaires à l'établissement de ces greniers et magasins.

André Courtin.

III

SOCIÉTÉS COOPÉRATIVES OU SYNDICATS DE VENTE.
LEURS RAPPORTS AVEC LES BANQUES AGRICOLES.

Rapport de M. NICOLLE,

Directeur de la Coopérative agricole de l'Ouest, à Angers.

ESSAIS DE SYNDICATS DE VENTE DANS L'ANJOU.
PROPOSITIONS DE COOPÉRATIVES.

Il y a bien longtemps que nous reconnaissons, en Anjou et dans toutes les régions de l'Ouest, la nécessité d'organiser la vente en commun des blés. Les premières études sur cette importante question remontent, si je ne me trompe, à l'année 1893. A cette époque, le Bulletin mensuel du Syndicat d'Anjou publiait une étude sur le warrantage des blés comme préparation de l'organisation de la vente. Nous concevions alors le warrantage comme le comprennent aujourd'hui les organisateurs des Kornhaüser en Allemagne. Mais nous n'osions pas demander à l'État une subvention qui, vraisemblablement, aurait été refusée.

Il s'agissait seulement de réunir, dans les magasins généraux existant ou dans ceux que les compagnies de chemin de fer auraient pu ou permettre de construire, ou construire elles-mêmes dans les gares, les blés des membres du Syndicat agricole d'Anjou et des syndicats voisins, de les échantillonner, de les classer en catégories avec une différence de prix fixée d'avance et de vendre avec l'autorisation des déposants et de répartir chaque mois le prix de vente, en tenant compte de la différence de qualité. Ce n'était, au reste, qu'une étude, qui ne fut suivie d'aucune expérience immédiate.

L'année suivante, 1894, cependant, la question devenait plus urgente; elle était étudiée dans une session générale du Syndicat d'Anjou et de l'Union des Syndicats de l'Ouest. Pendant les trois jours que durait la session, la Commission technique d'agriculture, d'abord, étudiait à fond la question et présentait à l'assemblée générale un rapport suivi d'un vœu tendant à l'organisation de la vente du blé. Le rapport ne fut pas approuvé, il est vrai, et le vœu ne fut pas admis, mais l'idée n'en était pas moins lancée, et, dès le mois de septembre de la même année, la situation commerciale justifiait, et au delà, les idées du rapporteur.

Les agriculteurs qui sont ici se rappellent combien fut lente et difficile la moisson de 1894. Avec des pluies continuelles, quoique généralement légères dans la région de Paris, mais souvent torrentielles dans la région de l'Ouest, l'achèvement de la moisson fut retardé jusqu'à la fin de septembre. Les blés mal conditionnés de notre région furent généralement négligés par la meunerie, qui trouva commode de s'approvisionner d'un côté dans le Centre, qui avait, cette année-là, une récolte extraordinaire qu'il vendit à vil prix, et, d'autre part, en Amérique, qui présentait des blés secs payés 5 et 6 francs de plus que les nôtres dans les usines de la meunerie.

C'était un véritable désastre pour notre région. Le prix de 15 francs le quintal pour des blés de choix et très bien récoltés était régulièrement pratiqué et, à la suite d'une excellente récolte, la culture se trouvait plus malheureuse qu'auparavant. C'est alors que les cultivateurs se tournèrent vers le Syndicat agricole d'Anjou et demandèrent à la direction de les aider. C'était tout justement son plus grand désir, et les circonstances favorisaient merveilleusement un essai de ce genre. Malgré l'abondance de la récolte, en effet, il y avait peu de blés propres à la mouture. Le Syndicat apporta l'aide demandée ; aussi, dès le mois de novembre, pouvions-nous vendre à 16 fr. 20 le quintal, prix départ, mais pour expédition en Bretagne, des blés de choix que les acheteurs de la région avaient payés jusqu'ici moins de 15 francs. Le commerce était obligé de relever ses prix et, du premier coup, ses bénéfices étaient réduits à la portion congrue.

Il s'agissait de profiter de cet avantage et de remettre définitivement en selle la culture. Pour cela, il ne fallait pas offrir au hasard une marchandise mal conditionnée et se presser de faire des offres à la meunerie, obligée de solder les achats de blé américain qu'elle avait imprudemment engagés. La hausse paraissait certaine avec le droit de 7 francs ; il fallait savoir l'attendre. C'est alors que l'idée du warrantage fut de nouveau lancée et deux opérations de warrantage furent réalisées dans les magasins généraux d'Angers.

Cette sage temporisation porta ses fruits : le blé se releva progressivement et, au milieu de janvier 1895, les blés de choix se vendaient 17 fr. 25 à 17 fr. 50 le quintal et les blés ordinaires, 17 francs. C'était, en moins de trois mois, une hausse locale de près de 3 francs par quintal presque entièrement due, la culture le reconnaissait, à l'intervention du Syndicat.

Nous avions, au surplus, facilement trouvé des acheteurs, acheteurs locaux d'abord, mais en petite quantité. La meunerie locale, en effet, voyait avec surprise, et même avec crainte, se produire une intervention qui allait ébranler des positions acquises. Mais la meunerie de Bretagne, qui ne pouvait trouver chez elle que des blés humides ou germés, la plupart impropres à la mouture, acceptait volontiers nos offres et nous donnait commission d'acheter ; il en était de même dans la région de la Garonne. Quant aux cultivateurs, assurés de vendre plus avantageusement par l'intermédiaire du Syndicat, ils nous mettaient volontiers leurs blés en mains, et les affaires conclues prenaient de suite une importance considérable ; plus de 6,000 quintaux étaient écoulés en moins de trois mois.

On comprend cependant que des affaires aussi importantes ne pouvaient point être organisées exclusivement à la commission. Il avait bien fallu s'engager, faiblement d'abord, puis avec plus de hardiesse, finalement avec trop de hardiesse. C'est ainsi que, vers la fin de janvier, l'hiver paraissant passé sans gelées, nous avions fait quelques ventes à découvert, lorsque la gelée et la neige se mirent de la partie et durèrent jusqu'au milieu de mars. La culture mit en garde et cessa de vendre. Malheureusement, l'Amérique était là, elle pouvait approvisionner la meunerie ; néanmoins, les cours progressèrent encore de 1 fr. 50 à 1 fr. 75 et, au milieu de mars, nous pouvions réaliser nos dernières ventes à découvert pour 2,000 quintaux à 19 fr. 25. Maintenant que la fièvre qui accompagne toujours les premières affaires était passée, nous reconnaissons volontiers cette imprudence qui fut, en définitive, fort heureuse, puisque cela permit de maintenir longtemps les cours aux environs de 18 francs, malgré les belles apparences de la récolte 1895.

L'imprudence était d'autant plus grande que nous n'étions pas des commerçants et qu'il nous fallait tout organiser : les achats, les ventes et l'échantillonnage, les envois de sacs, les expéditions de blé, les paiements; qu'il fallait nous renseigner sur la valeur des acheteurs et celle des vendeurs, et que cet apprentissage commercial, difficile toujours, était particulièrement difficile, puisque nous vendions les blés de nos syndiqués, partant de cinquante points différents par des voies différentes, avec des prix de transport différents.

Heureusement, le Syndicat agricole d'Anjou, dont l'activité embrassait tout le département de Maine-et-Loire, était divisé en sections paroissiales ayant un secrétaire, généralement en même temps dépositaire d'engrais, en relation avec tous les syndiqués. Le Syndicat, par ses secrétaires, fournissait l'engrais; il allait imiter le commerce local et, par les mêmes secrétaires, acheter ces blés.

Les achats à la culture, quoique fermes, conservaient du reste la forme d'achats à la commission; le Syndicat percevait une commission de 0 fr. 10, qui était insuffisante, et le secrétaire, chargé de l'achat, de la distribution des sacs, de la réception des marchandises en gare, prélevait 0 fr. 20, ce qui lui paraissait aussi insuffisant.

Les affaires continuèrent ainsi jusqu'à la fin de la campagne; elles se firent sur 20,000 quintaux de blé au moins, et si elles n'eurent point peut-être, dans cette forme, l'approbation complète du bureau du Syndicat, elles furent au moins considérées par le président, le très regretté comte Henri de la Bouillerie, comme un essai très heureux et comme un acheminement nécessaire à la fondation d'une coopérative.

Au mois de juin 1895, elles firent l'objet d'un rapport détaillé au Congrès national des Syndicats, tenu à Angers à l'occasion du concours régional. Ce rapport concluait à la fondation de coopératives régionales.

Participation. — Mais, en attendant cette organisation d'une coopérative agricole, il fallait trouver le moyen de couvrir les risques des opérations sur les blés et, en même temps, de les étendre et de les régulariser. Ce fut l'objet principal de la création d'une Société en participation entre les syndiqués et de l'organisation du warrantage dans les greniers du cultivateur.

C'est en août 1895 que furent établis et le warrantage à domicile et la participation.

Dans la participation entraient tous les vendeurs de blé, moyennant un versement de 2 francs pour les cultivateurs et de 50 francs pour les propriétaires. Plus tard, le bureau autorisa des versements de 10 et 25 francs pour les propriétaires de moindre importance. L'ensemble de ces versements formait bientôt une masse de 3,000 et quelques cents francs, destinée à supporter les premières pertes. Voici, au surplus, comment fonctionnait la Société dans le Syndicat :

Le bureau du Syndicat avait nommé une commission chargée d'organiser et de diriger les opérations et d'administrer le fonds de participation.

Trois hommes dont les noms méritent d'être retenus :

MM. de la Bévière,
Halopé,
Neveu,

acceptèrent de venir, une fois par semaine, contrôler les opérations effectuées par le directeur du Syndicat, après avoir été autorisées par eux, et de montrer par là la possibilité de l'organisation de la vente.

La commission approuvait ou autorisait les achats et les ventes dans des limites de prix et de quantités déterminées.

Ces achats étaient faits soit à des propriétaires, et alors à la commission, soit à des cultivateurs, par l'intermédiaire des secrétaires de section, et alors à prix ferme, mais avec cette clause qu'en cas de perte à la vente sur le prix d'achat, le vendeur supportait une partie de la perte, le reste étant supporté par le fonds de participation, et avec cette clause aussi que l'établissement d'un prix ferme n'engageait pas la responsabilité du Syndicat en cas de faillite ou de non-conformité de la marchandise à l'échantillon. En d'autres termes, le vendeur restait vendeur, et l'existence de la Société en participation ne faisait qu'affirmer sa qualité de vendeur.

Quant au warrantage à domicile, il restait l'affaire propre du Syndicat agricole d'Anjou, mais il avait pour but de remettre aux mains de la participation des quantités importantes de blé dont elle aurait pu disposer, à l'occasion, pour ses opérations.

Ce warrantage ne présentait du reste aucune difficulté. Les demandes nous arrivaient soit directement, soit par l'intermédiaire des secrétaires de section. Elles devaient être accompagnées, dans ce cas, de renseignements confidentiels sur la solvabilité, la moralité et l'honorabilité du demandeur, et ces renseignements s'obtenaient facilement et à peu près sûrement dans une région où la religion a conservé encore toute sa bienfaisante autorité.

Le demandeur indiquait du reste l'importance de sa récolte et la quantité offerte en warrantage, le nombre de ses animaux, l'étendue de son exploitation et le nom de son propriétaire, auquel la direction du Syndicat demandait l'autorisation de réaliser le prêt sur warrant.

Tout en inscrivant dans le règlement imprimé, accepté et signé de l'emprunteur, la clause de poursuites correctionnelles, en cas de déplacement du gage sans autorisation, l'obligation d'aviser la direction en cas de saisie par des tiers, etc., le bureau du Syndicat ne se faisait pas l'illusion de croire qu'il pouvait ainsi constituer légalement le prêt sur gages sans dessaisissement; ce qu'il constituait en réalité, c'était un crédit personnel, mais en le basant sur des existences réelles en marchandises. L'organisation était très rationnelle, quoiqu'elle ait été très contestée; l'expérience, au surplus, n'a point tardé à la justifier, car, dans le courant de la campagne de 1895-96, plus de 25,000 francs de prêts furent consentis sur warrants; ces warrants furent, en général, renouvelés plusieurs fois, et les cultivateurs finirent par être récompensés de leur patience, puisque beaucoup parmi eux purent vendre à 18 fr. 50 le quintal des blés qui ne valaient que 16 fr. 25 au moment de la souscription du warrant. Moyennant un intérêt de 5 p. 100 pendant huit mois à raison d'une avance de 10 francs par quintal, soit exactement 0 fr. 33 par quintal, et en supportant un déchet de 1 p. 100 au plus, soit 0 fr. 25, au total 0 fr. 58, ils y gagnaient ainsi 2 fr. 25 par quintal. Soit net plus de 1 fr. 65. Et ils avaient la satisfaction de pouvoir se dire qu'ils avaient contribué, dans la mesure du possible, à empêcher l'avilissement des cours du blé.

Quant à la participation, les affaires furent assurément très étendues et tout d'abord très heureuses : elles atteignirent à peu près 40,000 quintaux de blé et 1,200 balles de graines de trèfle, et le mouvement d'affaires dépassa un million de francs.

Les affaires furent traitées à la satisfaction des membres du Syndicat d'Anjou et des autres Syndicats de l'Union de l'Ouest à laquelle s'étendit la participation. Pour les trèfles, notamment, il n'est point exagéré d'affirmer que les prix moyens payés aux participants furent supérieurs de 5 à 6 francs à ceux du commerce et que, pour le rayon de Cholet particulièrement, le cours moyen commercial fut relevé d'autant, de sorte que tous les vendeurs, participants et non participants, profitèrent de l'intervention de la Société et gagnèrent au moins 5 francs par balle de trèfle.

En ce qui concerne le blé, l'abondance des offres qui nous furent faites et l'importance des transactions prouvent évidemment l'importance des services rendus. Notre participation payait presque toujours un prix sensiblement supérieur de 0 fr. 25 à 0 fr. 50 par quintal à celui du commerce; mais on avait surtout conscience que son intervention maintenait les prix, on savait qu'elle vendait hors de la région presque tous les blés qu'elle achetait. Elle ne pouvait même presque plus vendre dans la région; son action sur les prix en culture n'en était que plus considérable; elle obligeait la meunerie à subir une concurrence active à laquelle elle n'était pas habituée, et il en résultait un relèvement du prix moyen que l'on ne peut certainement pas estimer à moins de 0 fr. 75 par quintal.

L'expérience des opérations de vente n'était pas moins intéressante que celle des opérations d'achat.

Le trèfle était vendu pour une moitié à nos grosses maisons françaises de graines sans intermédiaire de courtiers; pour l'autre moitié, à l'une des plus importantes maisons anglaises.

Les blés étaient vendus partout, dans l'Ain, à Avignon, à Marseille, à Pamiers, à Toulouse et dans l'extrême Midi, dans la région de Bordeaux, en Bretagne et en Normandie. La vente en commun était ainsi bien réellement en train de s'organiser, puisque nous avions des vendeurs de plus en plus nombreux et que nous ne manquions pas d'acheteurs.

Ce qui laissait le plus à désirer, c'était la participation elle-même. Elle était battue en brèche en Anjou par les journaux locaux, tout étonnés que l'on pût arriver à organiser la vente en commun du blé, et à se passer, pour cette importante opération, du commerce local. Il y avait là une question politique; plus que cela, il y avait une question électorale. Bref, on soutenait que la participation ne couvrait le Syndicat ni contre les risques de vente, ni contre les risques de livraison, ni contre les risques de faillite des acheteurs. On disait qu'il fallait faire autre chose; et cette autre chose qu'il fallait faire, c'était une Coopérative de vente.

Dès le commencement de 1896, on y songeait sérieusement, et, au mois de mars, la fondation fut résolue. La Société fut fondée au capital initial de 20,000 francs, divisé en actions de 100 francs, un quart versé, et en quarts de 25 francs entièrement libérés, et ses actionnaires furent, tout d'abord, tous les membres propriétaires de l'ancienne participation, qui transformèrent leurs versements en une ou deux actions libérées d'un quart. Le reste du capital fut rapidement réuni dans les cinq départements de : Maine-et-Loire, Vienne, Deux-Sèvres, Vendée et Mayenne. Les opérations de la nouvelle Société devaient s'étendre sur ces départements et celui de la Sarthe, c'est-à-dire à toute la circonscription de l'union des Syndicats des départements de l'Ouest.

La Société, définitivement constituée le 6 juin 1896, était coopérative de production et de consommation; elle admettait comme adhérents des Syndicats et

3

des propriétaires ; elle fournissait aux membres de ces Syndicats les engrais dont ils avaient besoin et leur achetait leurs blés, le tout par l'intermédiaire des administrations syndicales. Avec le Syndicat d'Anjou, qui l'avait fondée, un traité avait été conclu, qui lui assurait la fourniture de tous les engrais nécessaires aux syndiqués. Dès ce moment, en effet, on était convaincu que la vente des produits ne pouvait être qu'une charge qui devait être compensée par les profits de la fourniture des engrais.

L'événement ne démontra que trop la justesse des prévisions des fondateurs de la Coopérative. Nous débutions un peu avant la récolte de 1896 ; à ce moment, nous avions, en France, surabondance de blés ; la récolte de 1896 était plus forte que toutes celles qui l'avaient précédée, avec une qualité exceptionnelle. La culture vendait volontiers, et nous-mêmes, à tort sans doute, l'engagions à vendre libéralement. D'autre part, le placement du blé pouvait, à cause de l'abondance, devenir difficile, et le Conseil avait autorisé des ventes à découvert dont le total ne devait pas dépasser 2,000 quintaux.

Les affaires devenant de plus en plus actives, puisqu'en trois mois elles atteignirent 30,000 quintaux, le découvert autorisé fut sensiblement dépassé, et la hausse qui vint au mois d'octobre nous prit au dépourvu. J'avoue, pour ma part, que je ne la croyais pas sérieuse, malgré les mauvaises conditions dans lesquelles s'était faite la semaille des blés en octobre 1896 et l'infériorité certaine de la récolte américaine.

Bref, par scrupule, ou par espoir de baisse, nous ne voulûmes pas nous presser d'acheter. Il en résulta une grosse perte, qui mit la Société naissante à deux doigts de sa ruine.

Elle tint bon cependant ; mais après avoir subi l'assaut des événements, elle eut à subir l'assaut bien autrement grave des hommes. Bref, le 2 juillet 1898, elle fut dissoute en pleine prospérité, laissant un actif supérieur de 8,000 francs à son capital.

La vente en commun des blés allait-elle aussi mourir avec la Société qui l'avait tentée avec tant d'énergie ? Non. Les hommes dévoués qui avaient fondé la première Société n'abandonnèrent pas la partie, et un mois et demi plus tard, le 20 août, une nouvelle coopérative agricole de production et de consommation était fondée sous le nom de Coopérative agricole de l'Ouest.

Cette nouvelle Société n'avait pas, malheureusement, les moyens d'action de l'ancienne, elle n'en avait conservé que les relations. Obligée de lutter pour la vie, elle ne pouvait évidemment pas se lancer dans l'organisation en grand de la vente des blés.

Ses opérations comportèrent, en 1898-1899 : 5,500 quintaux,
     et en 1899-1900 : 6,000 quintaux.

Nous marquions le pas, pour ainsi dire, ne voulant rien précipiter, et ne voulant non plus rien abandonner.

J'ai tâché, Messieurs, d'être un historien impartial, quoique cela soit bien difficile lorsque l'on est en même temps acteur. Je vous ai raconté nos essais ; ce ne sont que des essais, mais ils permettent de tirer des conclusions sur l'organisation définitive de la vente. Ce sont ces conclusions que je voudrais vous exposer sommairement, sans étudier ce qui a été fait ailleurs.

L'achat et le warrantage des grains, la vente des grains et les capitaux nécessaires pour ces diverses opérations et la constitution des Sociétés qui doivent les exécuter, tels sont les points différents que nous allons maintenant examiner.

a) Warrantage. — Le warrantage du blé à domicile est une opération légale qui peut être effectuée sans inconvénients par les Syndicats agricoles ou tout au moins sous leur garantie. Pour les Syndicats locaux ou cantonaux, la chose est de toute évidence; pour les Syndicats de circonscription plus étendue, la création de délégués cantonaux ou communaux rend le contrôle du warrantage possible et facile. L'expérience faite par le Syndicat d'Anjou en 1895 est, de ce côté, absolument concluante. Quant aux fonds, ils seront avancés soit par les caisses de crédit, comme en Allemagne, soit par les caisses régionales, qui ne manqueront pas de se créer partout en France, soit même par des particuliers, qui prêteront volontiers sous la garantie des Syndicats.

Les Syndicats pourront ainsi, pour peu qu'ils recommandent dans leurs bulletins ces opérations de warrantage, réunir, pour les avoir à leur disposition, de grandes quantités de blés.

b) Achat et vente des blés. — L'achat ferme des blés n'est assurément point une opération syndicale, puisqu'il exige un capital, et même un gros capital; et, du reste, si beaucoup de nos Syndicats de France sont suffisamment outillés pour l'achat, ils ne le sont point du tout pour la vente en dehors de la région; il résulte de là que les Syndicats agricoles doivent se borner ou à acheter pour le compte d'autres Sociétés mieux outillées pour vendre, ou tout au moins à acheter, sur leurs indications et en limitant leurs risques, des blés destinés à être vendus de suite. Les opérations sur les blés et les grains exigent dans chaque commune, ou tout au moins pour deux ou trois communes, le concours d'un correspondant actif, prudent et absolument sûr, qui sera rémunéré par les opérations mêmes qu'il fera, à raison de 0 fr. 15 par hectolitre de blé, par exemple. Un gros Syndicat départemental qui organiserait dans sa circonscription la vente des blés aurait ainsi à diriger une cinquantaine d'acheteurs locaux qui ne comprendraient pas également bien les ordres reçus et dont il faudrait suivre de très près les comptes. Ce ne sont certainement pas là des opérations syndicales. Au contraire, des Syndicats communaux et même cantonaux peuvent acheter les blés de leurs syndiqués; il leur suffit pour cela de réunir un capital et le mieux est de le demander aux vendeurs de blé eux-mêmes; ils peuvent le réunir en peu de temps, soit par un supplément de cotisation, soit par la création de parts de capital souscrites par les vendeurs ou par d'autres membres du Syndicat, et garanties, dans ce cas, par un supplément de cotisation versé par les vendeurs de blé. Ils peuvent enfin le constituer par un prélèvement de 0 fr. 50 par hectolitre effectué sur le prix de chaque achat, jusqu'à parfaire une masse jugée suffisante, au delà de laquelle les prélèvements cesseraient, à moins que les excédents ne soient partagés, en fin d'exercice, entre les vendeurs, au prorata de leurs ventes.

Les Syndicats locaux céderont du reste, naturellement, la place à de petites Sociétés constituées sous le régime de la loi de 1867, sous le patronage de ces Syndicats locaux, lesquelles pourront fonctionner à la fois plus activement, plus efficacement et avec plus de sécurité.

Laisser les Sociétés locales isolées ou à peu près isolées, comme dans la Bavière allemande, réduire leurs opérations à des avances sur grains déposés qui devraient être liquidés dans les trois mois, cela ne remplirait pas évidemment le but que l'on se propose, qui est de constituer une entente de vendeurs en face de l'entente des acheteurs. Les petites Sociétés locales seront donc naturellement reliées entre elles par une Coopérative régionale, qui prendra en mains l'organisation de la vente du blé dans la région.

Les Sociétés régionales auront ainsi une triple fonction :

1° Elles seront d'abord des centres de propagande auxquels écherra, tout naturellement, la fondation de Sociétés locales de vente. Elles en établiront les statuts généraux, indiqueront en chaque lieu les modifications convenables, vulgariseront de toutes les manières la nécessité de la vente, et formeront le personnel local destiné à diriger lesdites Sociétés.

2° Elles seront elles-mêmes, soit pour les propriétaires, soit pour les cultivateurs isolés, des Sociétés de vente dans les communes où il n'en existera pas; elles pourront y opérer par des agents locaux, dépendant exclusivement d'elles.

3° Enfin elles seront l'organe central de vente de la région, chargé d'écouler les blés à l'extérieur, soit en vendant directement, soit en se mettant en relation avec les autres Sociétés régionales.

Bien entendu, elles organiseront une vérification officieuse mais régulière de la comptabilité des Sociétés locales et, sans s'ingérer en quoi que ce soit dans leur administration, en leur laissant au contraire toute l'indépendance dont elles ont besoin pour vivre et prospérer, elles leur rendront gratuitement tous les services dont elles auront besoin.

Tout ce que j'ai dit plus haut, en racontant l'histoire de la vente des blés au Syndicat d'Anjou et à la Coopérative de l'Ouest, montre suffisamment quels risques assumerait une Société qui voudrait acheter ferme des grains pour les vendre, ou vendre ferme pour acheter.

Ce sont là des opérations qu'elle ne devra faire qu'exceptionnellement là où il n'y aura pas de Sociétés locales, et où elle sera pourtant obligée d'acheter des grains par des agents particuliers. Partout ailleurs, qu'il s'agisse d'affaires avec les Sociétés locales, avec les Syndicats locaux, ou avec les propriétaires, la Société ne devra opérer qu'à la commission. Mais il sera nécessaire de tenir compte des différences de situation et d'observer les règles suivantes :

1° Avec les propriétaires isolés, les affaires se feront exclusivement à la commission.

2° Avec les Syndicats locaux, au contraire, tout en maintenant la règle, il sera bon d'apporter quelques tempéraments qui diminueront les risques des opérations syndicales, ou les rendront possibles.

Le Syndicat ne peut, en effet, se charger de blés, et il est bien certain pourtant qu'aucun cultivateur ne consentirait à lui mettre en main son blé sans la promesse d'un prix déterminé. Il sera donc nécessaire que la Société régionale donne au Syndicat de véritables ordres d'achat, à un prix déterminé. Il serait alors convenu d'avance qu'après la liquidation de l'opération, la perte comme le bénéfice seraient également partagés entre les trois intéressés : la Coopérative, le Syndicat local et les vendeurs. Le Syndicat n'aurait pas de peine à couvrir le faible risque de ces opérations à l'aide d'un prélèvement fixé d'avance.

3° Avec les Sociétés locales, les affaires se feront en général à la commission. Néanmoins, il ne faut pas qu'à cause du genre d'affaires généralement admis, les Sociétés régionales se considèrent, au moins au point de vue de la vente, comme des organes absolument passifs, attendant les offres des Sociétés correspondantes. Elles seront obligées, au contraire, de leur servir de conseils pour la vente, et de remplir avec plus de soin, d'activité et de compétence, le rôle que remplissent souvent les courtiers à l'égard de leurs clients.

D'autre part, nos Sociétés régionales se créeront très rapidement une clientèle d'acheteurs, auxquels il faudra donner satisfaction à peu près régulièrement, avec lesquels elles seront, en quelque sorte, obligées quelquefois d'opérer à découvert, de sorte que les statuts devront prévoir et autoriser ce genre d'opérations, tout au moins dans une limite déterminée, et que, de la même manière, ils devront aussi prévoir l'opération inverse, l'opération d'achat avant la vente.

La perte ou le gain sur ces opérations aléatoires seront partagés de la même manière que pour les Syndicats entre les trois intéressés : la Société régionale, la Société locale et les vendeurs ; la Société locale réglant, bien entendu, directement avec les vendeurs.

c) Constitution des Coopératives de vente. — Capital. — Si la Société se bornait à des opérations de commissionnaire, elle n'aurait besoin que d'un capital fort restreint ; mais outre qu'elle fera nécessairement des opérations fermes, qui engageront sa responsabilité, elle sera évidemment obligée de remplir vis-à-vis de ses vendeurs, quels qu'ils soient, le rôle de payeur et de courtier, ce qui exigera évidemment des ressources importantes et proportionnelles au chiffre d'affaires. Un ensemble d'affaires de 100,000 quintaux par an, soit au moins 10,000 quintaux par mois, sur les cinq derniers mois de l'année, représenterait un chiffre de 170,000 francs par mois, et si les paiements se font à quinze jours, un pareil chiffre exigerait un un capital de 85,000 francs. Nous pensons que ce capital pourrait être facilement réduit à moitié, soit environ 40,000 francs, par une bonne organisation du crédit commercial de la Société et du mouvement de ses fonds, de sorte que le capital serait formé, par exemple, de 400 parts de 100 francs libérées d'un quart, les trois quarts étant fournis par des banquiers, sous la responsabilité des administrateurs, si cela est nécessaire. Nous pensons qu'il n'existe point en France de région où l'on ne puisse facilement réunir ce faible capital dans deux ou trois départements.

Bien entendu, les Sociétés locales, les Syndicats, les propriétaires et les cultivateurs eux-mêmes seraient appelés à concourir à la formation du capital, ce qui leur donnerait droit de participer aux bénéfices de la Société au prorata de leurs opérations.

Il s'agit maintenant de prévoir dans ses détails et de déterminer le fonctionnement de ces diverses Sociétés et de fixer leurs relations mutuelles.

d) Rapports des diverses Sociétés pour la vente du blé. — Comité permanent de la vente du blé. — Il existe en Suisse, à Fribourg, un Office qui a pour objet de renseigner les cultivateurs sur la situation générale des blés. Cet Office a des correspondants dans toutes les parties du monde productrices et consommatrices ; il est parfaitement outillé pour le service des renseignements, mais il ne fait point d'affaires.

Bien entendu, moyennant une cotisation réglée d'avance, les Sociétés régionales recevront les renseignements de cet Office, mais il serait utile qu'un lien plus étroit les rattachât entre elles et qu'il existât en France une union de ces Sociétés de vente administrée par un conseil composé de quelques membres résidant au centre de l'union et de délégués des diverses Sociétés. Le conseil se réunirait au moins une fois par mois, pour examiner la situation générale du marché et prendre telles décisions qu'il appartiendrait.

Il examinerait notamment, à l'aide de documents fournis par chaque Société, l'importance des affaires faites dans chaque région, étudierait, comme conséquence, l'importance des réserves régionales et donnerait son avis sur les quantités qu'il conviendrait d'écouler dans le mois.

Cet avis, émis à la majorité par une réunion d'hommes parfaitement compétents, aurait évidemment la plus grande importance et devrait servir au moins d'indication à chaque Société pour ses opérations du mois.

Il prendrait connaissance des engagements de chaque Société, soit à la vente, soit à l'achat, et ferait connaître à celles qui auraient du découvert à la vente l'importance des quantités que d'autres pourraient avoir en mains.

Il se mettrait en communication avec la meunerie française et étrangère, et recevrait ses demandes ou, à l'occasion, ses ordres.

Il aurait, de cette manière, l'action la plus considérable sur les prix de vente.

Sociétés régionales. — Ainsi renseignées, les Sociétés régionales s'adresseraient aux Sociétés locales, soit pour leur donner des ordres d'achat en plus de leurs quantités disponibles, soit pour les inviter à modérer leurs achats et à warranter les marchandises offertes, soit enfin, en cas d'offres insuffisantes, pour leur communiquer l'avis du conseil central, leur indiquant la nécessité de provoquer des offres de leurs membres jusqu'à concurrence d'une quantité déterminée.

Les Sociétés régionales auraient ensuite à organiser les transports, c'est-à-dire à diriger les marchandises achetées sur les points où elles peuvent arriver avec le moins de frais possible. La solution de cette question les obligerait fréquemment à changer la destination des marchandises qu'elles auraient en mains, afin de pouvoir couvrir de nouvelles ventes, et il serait entendu que cela ne substituerait pas du tout leur responsabilité à celle de la Société locale livreuse.

Sociétés locales. — Quant à ces Sociétés locales, elles constitueront leur capital par des parts de 25 francs ou de 100 francs libérées de 1/10 chaque année. Il sera prudent, les premières années, qu'elles opèrent une retenue sur chaque paiement à raison de 0 fr. 30 par hectolitre.

Elles devront donner à leurs opérations de warrantage une extension considérable, de manière à empêcher, au moment de la moisson, des livraisons et des ventes trop précipitées, et aussi pour avoir toujours en main du blé à fournir lorsque les demandes des Sociétés régionales se produiront.

Il sera bon aussi d'introduire dans les statuts une clause obligeant les membres à mettre, chaque année, à la disposition de la Société une quantité déterminée de leurs blés, 1/5 ou 1/10 par exemple, à vendre au cours du moment de la livraison. On comprend toute l'importance de cette clause lorsque des hausses se produisent, qui arrêtent tout à fait les offres de la culture et pourraient inciter la meunerie à faire des achats à l'étranger.

J'ai, en conséquence, l'honneur de proposer au Congrès les résolutions suivantes :

1° Que la surproduction au moins de tendance et la spéculation qu'elle a favorisée, principales causes de l'avilissement du cours des grains et notamment des blés, soient efficacement combattues par l'organisation agricole de la vente.

2° Que cette organisation se fasse par la création de Sociétés locales de cultivateurs et la création de Sociétés régionales à petit capital, dont les associés seront ou des propriétaires ou des Sociétés locales.

3° Que les Syndicats agricoles, les Caisses de crédit, les Coopératives de consommation et les Sociétés agricoles donnent leur concours le plus actif et le plus empressé à cette utile coopération de production.

Félix NICOLLE.

IV

DES SOCIÉTÉS DE CRÉDIT MUTUEL AGRICOLE

Par M. Charles EGASSE, agriculteur,
Président de la Société de Crédit mutuel agricole de Chartres.

La cause principale de l'avilissement des cours du blé est évidemment l'encombrement des marchés aussitôt après la récolte, même quand celle-ci n'est que d'une abondance relative. Et cette exagération des offres a certainement pour cause le besoin pressant d'argent qu'ont la plupart des cultivateurs, pour faire face à toutes les charges dont ils sont accablés. De sorte que nous voyons souvent le commerce, et surtout la spéculation, après avoir acheté à vil prix à la culture, opérer un mouvement de hausse dont ils sont les seuls à profiter, quand celle-ci n'a plus ou presque plus de blés.

Quels que soient les perfectionnements apportés à la culture du blé, nous sommes encore loin, en France, de suffire à notre consommation. La preuve, c'est que, après deux récoltes exceptionnelles successives, 1898 et 1899, comme on n'en avait peu vues dans ce siècle, le trop-plein produit (que des amis trop pressés voulaient écouler à l'étranger) sera peut-être insuffisant pour combler le déficit de 1900. La température est un facteur d'une importance capitale sur lequel il faut toujours compter, et ce n'est qu'en faisant la moyenne d'au moins dix récoltes qu'on peut se faire une idée de notre production nationale. C'est en faisant cette moyenne qu'on reconnaît que nous sommes encore loin de suffire à notre consommation. L'avilissement des cours n'est pas, du reste, pour encourager l'extension de la culture du blé.

Cela étant établi, si les choses se passaient d'une manière normale, si la culture pouvait, en se procurant de l'argent à bon marché, conserver le trop-plein des années d'abondance pour les années de disette, le droit de douane devrait toujours produire son plein effet, c'est-à-dire que nous devrions vendre aujourd'hui notre blé au cours du marché étranger, majoré de 7 francs par quintal au moins. En admettant que le Crédit agricole fût largement établi et que les agriculteurs voulussent s'en servir, ils pourraient, grâce à lui, s'organiser de façon que l'offre ne dépassât jamais les besoins et maintenir le cours à la hauteur du marché extérieur.

C'est donc le Crédit agricole qu'il faut organiser. La loi du 5 novembre 1894 nous en fournit les moyens. Mais le plus difficile, c'est d'amener les cultivateurs à cette organisation et surtout à s'en servir. Ce sont les procédés à employer pour arriver à ces résultats que je me suis proposé d'exposer dans ce rapport.

Je ne crois mieux faire, pour traiter mon sujet, que de m'inspirer de ce qui a réussi dans la Société de Crédit mutuel agricole de Chartres, que j'ai l'honneur de présider. Notre Société est aujourd'hui des plus prospères, et, comme les cultivateurs de tous les départements, surtout des départements producteurs de blé, ont généralement le même caractère, les mêmes qualités et, il faut bien le dire, les mêmes défauts, je suis convaincu que ce qui a réussi chez nous doit également réussir ailleurs.

Par la loi de 1894, le législateur a mis à la disposition de l'Agriculture d'admirables moyens pour organiser le Crédit par la mutualité, et par la loi de 1899, il lui fournit gratuitement une avance considérable qui devrait donner à cette organisation une impulsion énorme. Cependant, tout marche avec une lenteur désespérante. Sur les 52 millions aujourd'hui disponibles et destinés aux Caisses régionales, il n'a pas encore été demandé 300,000 francs. Quelques Caisses régionales sont bien créées, mais la plupart n'ont que peu ou point de Sociétés locales pour les faire marcher. Que manque-t-il donc ? Seraient-ce les hommes d'initiative ? Non pas. Nous voyons de grands propriétaires, des industriels, des commerçants, des législateurs même, qui ont tenté de créer des Sociétés de Crédit agricole : mais bien peu ont réussi.

Ce qui manque, ce sont les vrais cultivateurs d'initiative, des vrais cultivateurs qui prennent courageusement la tête du mouvement dans chaque pays, qui prêchent d'exemple et qui marchent. Il n'y a que ceux-là qui peuvent entraîner la masse, parce qu'eux seuls comprennent exactement, par leur propre expérience, les besoins et le caractère du petit comme du gros cultivateur, et parce qu'ils leur inspirent une réelle confiance.

La loi de 1884 a permis aux cultivateurs de se réunir en Syndicats, et les services immenses rendus par ces Syndicats les ont fait multiplier d'une manière si considérable qu'il n'y a plus guère de cultivateurs aujourd'hui qui ne fassent partie d'au moins un Syndicat. Or, la loi de 1894 donne tout spécialement à ces Syndicats les avantages désirables pour la création de Sociétés de Crédit mutuel ; c'est donc aux créateurs des Syndicats, à leurs administrateurs à continuer le mouvement dans ce sens. Eux seuls, à mon avis, ont qualité pour le faire et eux seuls ont toutes chances pour réussir.

La Société de Crédit mutuel agricole doit être à capital variable pour permettre l'entrée continuelle de nouveaux membres ; et elle doit être à responsabilité limitée pour ne pas effrayer les souscripteurs. Cette Société une fois créée, si modeste que soit son capital, doit faire savoir qu'elle existe, qu'elle marche, qu'elle prête et qu'elle prête à bon marché. Les administrateurs doivent, les premiers, donner l'exemple des emprunts pour mettre en marche cette machine toute neuve, qui a besoin de ce premier mouvement pour aléser tous ses rouages.

En versant son capital social en garantie dans une Caisse régionale, ou dans tout autre établissement de crédit, la Société peut y trouver l'escompte de son papier, à un taux au moins aussi bas que celui de la Banque de France, c'est-à-dire que celui du commerce. Et il lui sera toujours ouvert un crédit quatre ou cinq fois supérieur à son capital ; car le capital de garantie offert ainsi par une Société de crédit mutuel a une valeur incomparablement plus grande que le même capital offert par un particulier. En effet, un particulier peut devenir tout d'un coup insolvable, tandis qu'il n'est pas possible que tous les clients d'une Société deviennent insolvables en même temps ; et, en cas de déconfiture de quelques-uns, le capital social, fourni par tous, est toujours suffisant pour garantir le banquier. C'est ce qui fait la puissance considérable de l'union et de la solidarité en matière de crédit.

Il faut, dans l'administration d'une Société de crédit mutuel agricole, viser tout spécialement à ne pas froisser l'amour-propre du cultivateur, qui est l'homme du monde le plus chatouilleux à cet endroit.

Certaines Sociétés ne prêtent que sur caution; aussi ces Sociétés n'ont qu'un petit nombre de clients et n'arrivent qu'à un chiffre d'affaires dérisoire. Le cultivateur, en général, aime mieux se passer des avantages du crédit plutôt que de demander la signature *de qui que ce soit.*

La Société, en ne prêtant à chaque souscripteur que des sommes proportionnelles à sa souscription, a déjà par devers elle une certaine garantie; mais elle a en plus d'excellents renseignements sur l'emprunteur; si c'est un homme honorable, travailleur et rangé, celui-là est toujours solvable. On ne doit du reste admettre dans la Société que les cultivateurs qui remplissent ces conditions.

C'est grâce à cette mesure libérale que notre Société de Chartres est arrivée à une prospérité exceptionnelle, et, malgré un chiffre d'affaires de près d'un million, elle n'a pas encore eu à enregistrer la perte d'un centime. Aussi, les demandes de la part des gens insolvables sont très rares. La clientèle de la Société est formée par une foule de cultivateurs, tous rangés, travailleurs et amis du progrès. Beaucoup ne sont pas riches, mais nous leur prêtons avec la plus grande tranquillité, car nous savons que la somme qu'ils demandent sera employée d'une manière utile, qu'elle les aidera à faire vivre et prospérer une famille souvent nombreuse et toujours laborieuse, qui, plus tard, viendra à son tour grossir la Société. Nous savons aussi que la dette contractée au Crédit mutuel est une dette sacrée, qui sera toujours acquittée avant toute autre.

D'autres, malgré leur position aisée et même riche, sont aussi heureux de trouver la Société de crédit, soit pour ne pas réaliser des marchandises à certains moments peu favorables, soit pour certaines opérations exigeant immédiatement des sommes assez importantes, et qu'ils n'ont pas disponibles; et ceux-là ne sont pas nos moins bons clients.

Le plus grand obstacle que rencontre le fonctionnement des Sociétés de crédit agricole est cet orgueil ridicule mélangé de timidité absurde, qu'on appelle le respect humain, et qui empêche le plus grand nombre des cultivateurs de s'adresser à ces Sociétés. C'est pour vaincre ce respect humain qu'il est presque indispensable que les organisateurs donnent eux-mêmes l'exemple, en empruntant ostensiblement. On ne peut se faire une idée de l'impulsion que donne cet exemple. Certains aiment mieux payer des taux usuraires de 10, 20 et 30 p. 100, à des banquiers interlopes, plutôt que d'emprunter à 4 p. 100 à la Société, parce qu'ils ont peur qu'on sache qu'ils ont emprunté.

Il est bon de dire et de faire voir à ceux-là qu'il n'y aucun déshonneur à emprunter, et que celui qui emprunte rend autant service à celui qui prête, que celui qui prête rend service à celui qui emprunte. C'est un échange de services réciproques, et c'est sur ce principe que repose le Crédit mutuel.

Du reste, la discrétion la plus absolue s'impose dans l'administration de ces Sociétés, et les plus timorés peuvent s'y adresser avec la plus parfaite tranquillité. Il faut que le cultivateur aille au Crédit mutuel comme le commerçant va chez son banquier; c'est cet usage qu'il faut travailler à répandre de plus en plus, si l'on veut que le Crédit soit pour l'Agriculture ce qu'il est pour l'Industrie et le Commerce, le plus puissant levier de sa prospérité.

Aussi je crois qu'il serait très utile, et c'est par cette conclusion que je termine :

1° Que des conférences nombreuses soient faites par les professeurs d'Agriculture et des conférenciers spéciaux, sur les bienfaits pouvant résulter du Crédit mutuel agricole, et sur les moyens les plus efficaces de multiplier les Sociétés de crédit.

2° Que des récompenses honorifiques soient accordées à ceux qui auront le plus contribué à la création et à la bonne marche de nouvelles Sociétés de crédit mutuel agricole, car ceux-là auront rendu le service le plus considérable à l'Agriculture de leur pays.

Ch. EGASSE,
Président de la Société de Crédit mutuel
agricole de Chartres.

V

RAPPORT DES SOCIÉTÉS LOCALES DE CRÉDIT AGRICOLE MUTUEL AVEC LES CAISSES RÉGIONALES ET LES COOPÉRATIVES DE VENTE

Par M. ALLAIRE, agent de change honoraire.

La loi du 31 mars 1899, qui permet l'institution de « Caisses régionales de crédit agricole mutuel » et les subventionne, est venue compléter la législation sur le crédit agricole.

D'après cette loi, des sommes peuvent être attribuées, après avis d'une commission spéciale, à titre d'avance *sans intérêts* aux Caisses régionales jusqu'à concurrence de leur capital versé en espèces.

A leur tour, les Caisses régionales ont pour but de faciliter les opérations des *Sociétés de crédit agricole*, dont la constitution est prévue par la loi du 5 novembre 1894 ; de préférence nous allons dénommer ces dernières institutions : « *Sociétés locales* de crédit mutuel agricole. »

L'agriculteur, membre d'un syndicat professionnel agricole, s'il a besoin d'user de crédit, s'adresse aux Sociétés locales qu'il a presque sous la main.

A proprement parler, c'est l'organisation du Crédit agricole mutuel par en bas et par en haut, et spécialement celle du crédit à donner aux Syndicats professionnels agricoles, dont la formation est autorisée par la loi du 21 mars 1884.

Un exemple entre tous suffira à le montrer : tout agriculteur, membre d'un Syndicat professionnel agricole, peut warranter certains produits agricoles énumérés dans l'article 1er de la loi du 18 juillet 1898 et se faire consentir un prêt par la Société locale de laquelle il est membre ou à laquelle il est affilié. — L'énumération des produits pouvant être warrantés en vertu de l'article 1er de cette loi renferme, soit dit en passant, des lacunes qu'il faudra combler.

L'affiliation aux Sociétés locales développera naturellement le principe de la solidarité et de la mutualité ; elle sera la base de garanties d'ordre matériel et moral par la parfaite connaissance de la solvabilité personnelle de l'agriculteur, de sa valeur intellectuelle, de son instruction professionnelle et de son esprit d'ordre et d'économie.

De même, elle permettra de contrôler l'usage conforme à la loi des sommes empruntées, contrôle d'ailleurs nécessaire pour assurer le degré de solidité des opérations engagées.

Les Sociétés locales limiteront-elles leurs opérations à l'escompte des warrants? Leurs prêts ne pourront-ils pas être gagés par nantissement d'effets cotés à la Bourse de Paris ou dans une Bourse départementale, susceptibles, par leur valeur, de fournir une garantie ? Pour demeurer dans l'esprit de la loi, les sommes empruntées avec de tels nantissements devront être exclusivement appliquées aux opérations agricoles ; de cette manière, l'agriculteur aura à sa portée, sans trop de déplacement et à un taux d'intérêt modéré, toute facilité d'obtenir une avance remboursable, sans recourir à la nécessité de l'aliénation de son titre, à la possession duquel il peut tenir.

Ce serait une possibilité d'accroître le crédit local ; ce point mérite examen et sera de nature à appeler vivement l'attention des intéressés.

Les Sociétés locales peuvent aussi recevoir, dans la limite déterminée par leurs statuts, des dépôts de fonds en comptes courants, avec ou sans intérêts, et se charger, relativement à l'industrie agricole, de recouvrements et de paiements pour les Syndicats ou pour les membres de ces Syndicats.

Les paiements peuvent même comporter une domiciliation de l'effet ou de la traite à acquitter au siège des Sociétés locales.

Les dépôts en comptes courants sont un service rendu aux activités rurales ; ils maintiennent *sur place* le produit du sol et du travail et les capitaux qui en émanent peuvent retourner, par des prêts multiples, dans les localités d'où l'épargne est sortie.

Il n'est pas nécessaire de plus insister sur les avantages de l'application du Crédit agricole par la mutualité.

Il convient d'aborder le problème des rapports que les Sociétés locales auront avec leurs emprunteurs ou avec les Caisses régionales, considérées comme centre d'appui.

SOCIÉTÉS DE CRÉDIT AGRICOLE

1. — *Nécessité de leur rapide création.*

La propagation des Sociétés locales de Crédit agricole s'impose.

L'effort principal doit tendre à créer ces organes populaires de Crédit, là où il n'en existe pas encore, et à faciliter leurs débuts.

Les Sociétés locales sont naturellement en rapport avec l'agriculteur.

Elles le connaissent d'autant mieux qu'elles peuvent être constituées, comme nous le savons, soit par la totalité des membres d'un ou de plusieurs Syndicats professionnels, soit par une partie des membres de ces Syndicats.

L'impulsion de la création des Sociétés locales doit donc venir des membres des Syndicats de la région culturale.

Les Caisses régionales, qui ont pour but d'achever le mouvement mutualiste, de faciliter les opérations et d'effectuer des avances, sans omettre le recouvrement des effets endossés, sont de même intéressées à s'employer à la création de Sociétés locales.

Ces organes devant favoriser l'industrie agricole ne sont pas les seuls à prévoir. En vue de coordonner tous les concours et tous les efforts, des Sociétés coopératives devront se former dans un but spécial.

Nous en dirons un mot plus loin.

Les bénéfices annuels que les Sociétés locales pourront réaliser dépendront de leurs frais généraux comparés à la productivité des opérations traitées.

II. — *Frais généraux.*

Outre l'intérêt à payer, le cas échéant, aux avances des Caisses régionales, les Sociétés locales auront, comme frais généraux :

1° L'intérêt à servir au capital social et aux déposants en comptes courants, limité si possible à 3 p. 100 ;

2° Le loyer des bureaux du siège social ;

3° Le traitement de l'agent, à rémunérer d'après son zèle et ses aptitudes ;

4° Les rétributions à allouer aux Sociétés coopératives pour le mandat qui leur sera conféré d'opérer la vente du blé ;

5° Les commissions à réserver aux agents auxiliaires, qui auront pour mission :

a. De recueillir sur place, en les stimulant, les adhésions aux Syndicats professionnels agricoles ;

b. De faire valoir les avantages de crédit que l'agriculteur peut retirer de son adhésion ;

c. D'être les mandataires de l'agriculteur en vue de le représenter pour la création du warrant et son escompte ; d'être des courtiers pour l'assurance des produits à warranter ;

6° Enfin, toutes autres dépenses légitimes sérieusement contrôlées ;

III. — *Bénéfices des Sociétés locales.*

Le bénéfice des Sociétés locales se composera plus spécialement :

1° De l'intérêt des prêts faits par escompte de warrants, ou sur garanties personnelles lorsqu'il s'agira de facilités pour achat de semences, engrais, bétail, etc.;

2° Du *boni* qui résultera de la différence entre l'intérêt payé aux Caisses régionales pour leurs avances et celui stipulé pour les prêts consentis aux emprunteurs ;

3° De l'intérêt produit par le dépôt des fonds momentanément disponibles, fait aux Caisses régionales ou à d'autres institutions de Crédit agricole reconnues solvables, si les statuts le prévoient ;

4° Des commissions perçues pour toute opération de recouvrement et de payement, ou pour tout autre service rendu, susceptible de rétribution ;

Sans préjuger, quant à présent, l'importance du bénéfice net annuel des Sociétés locales nouvellement créées, il est raisonnable de prévoir qu'il sera faible pour les premières années.

Souhaitons tout au moins que, dans le début, ce bénéfice puisse compenser les frais généraux, et espérons que le temps justifiera l'utilité de l'existence des Sociétés locales et leur réservera, dans l'avenir, une notable prospérité.

IV. — *Taux de l'intérêt des prêts à consentir.*

Le taux de la Banque de France est présentement de 3 1/2 p. 100 pour les avances.

Ce taux est adopté par les grands établissements de crédit, mais avec l'addition d'une commission variable, de telle façon que le total (intérêt et commission) n'est pas inférieur à 5 p. 100.

Par ces considérations, l'intérêt minimum que les Sociétés locales pourront exiger, quant à leurs prêts, doit être de 4 p. 100; ce taux semblera légitime sans paraître trop élevé, sauf à le modifier ultérieurement par un abaissement, si l'importance des opérations traitées et leur productivité le permet.

SOCIÉTÉS COOPÉRATIVES

La création de Sociétés coopératives ayant un but spécial de vente des produits offrira un grand intérêt pour les Sociétés locales de crédit; elles devront former la base même de leur clientèle.

De telles Sociétés, dont le cercle d'action sera plus élargi, deviendraient des auxiliaires et des intermédiaires tout indiqués :

A. Pour la vente du blé et des autres produits agricoles ;

B. Pour le warrantage des produits autorisés.

Si des rapports s'établissent entre les Sociétés locales et les coopératives, ils aboutiront à l'ouverture d'un compte courant.

Les Sociétés locales feront l'encaissement des ventes de blé faites par les coopératives et en créditeront ces coopératives sur le compte des avances sur warrants dont celles-ci seront débitées comme garantes. Elles auront à se voir débiter : a) de la commission de vente à récupérer de l'agriculteur pour lequel la vente sera faite ; b) et du montant des intérêts des dépôts faits par les coopératives.

Ce compte courant n'imposera pas d'autre charge ; tout s'y bornera à des écritures d'ordre; la Société locale fera les remises d'espèces aux associés, aux prêteurs et aux fournisseurs, sans commission ni courtage autre qu'une légère rémunération d'écriture, de correspondance et de répertoire.

CONCLUSIONS

Telles sont, en résumé, les réflexions qui m'ont été suggérées par l'étude des lois actuelles sur le crédit agricole, considérées dans leur application pratique.

Je propose accessoirement les résolutions suivantes :

1o Que le propriétaire du fonds exploité soit admis à warranter son bétail et ses récoltes pendantes par racines ;

2o Que l'immunité de la formalité de l'enregistrement soit accordée, de même que celle du timbre, au pouvoir donné par l'agriculteur en vue de la création du warrant et de son escompte, lorsque le pouvoir n'aura pas la forme d'un acte authentique.

ALLAIRE.

VI

LES WARRANTS AGRICOLES

Par M. Henry MARCHAND, sous-directeur honoraire de l'Agriculture.

I

La loi du 18 juillet 1898, en créant les warrants agricoles, a constitué un des modes les plus heureux de crédit mis à la disposition des agriculteurs. Il a fallu près de soixante ans pour que cet organisme nouveau, qui donnera, nous en sommes convaincu, des résultats féconds, fût créé par le législateur. Cette longue lutte entre les esprits novateurs et clairvoyants et les défenseurs de la routine et du *statu quo* mérite d'être brièvement exposée.

Lors de la rédaction du Code civil, l'utilité et la puissance du crédit étaient à peu près inconnues, et le législateur, en réglant les rapports entre les propriétaires, les fermiers et les métayers, n'avait eu en vue que les moyens d'assurer à ceux-là le respect et la conservation de leurs droits. Quant au petit propriétaire, faisant valoir sa terre avec ses bras et ceux de sa famille, auquel nous portons un si grand intérêt à l'époque actuelle, auquel nous voulons faciliter tous les moyens d'améliorer sa situation et de s'enrichir, que nous nous efforçons de retenir sur son domaine ainsi que ses enfants, parce que nous sentons que la population des campagnes est la moelle de la nation française, auquel nous répétons que la profession agricole est la plus noble des professions, et qu'il a grand tort d'abandonner les champs pour se rendre dans les villes, le législateur de 1804 ne s'en était pas occupé, ou du moins aucune disposition spéciale n'avait été prise en sa faveur. Les principes de l'ancien droit, dont étaient imbus les légistes et les jurisconsultes de cette époque, passèrent dans le Code civil, qui se préoccupa surtout de la sauvegarde de la grande propriété. Et cependant, il y a cent ans, le nombre des petits propriétaires était déjà considérable.

Pendant les premières années du siècle, rien ne fut changé à une situation à laquelle on était habitué, d'autant plus qu'une ignorance profonde régnait dans les campagnes. Mais quand les institutions de crédit, en prenant naissance dans les grands centres et en se développant, eurent donné un essor considérable au commerce et à l'industrie, quelques esprits généreux furent frappés de l'état d'infériorité dans lequel se trouvait l'agriculteur et s'efforcèrent de l'en faire sortir.

Tant que la concurrence étrangère n'eut qu'une influence restreinte sur le cours des marchés, les institutions de crédit agricole ne furent l'objet que d'études purement spéculatives. Mais, lorsque la facilité des communications eut, sur toute la surface du globe, à peu près unifié les prix et permis l'apport des denrées, dans des conditions exceptionnelles de bon marché, le cultivateur sentit le danger qui le menaçait, car il ne lui était plus possible de lutter si on ne lui fournissait pas de nouvelles armes.

Afin d'être en état d'améliorer ses cultures, de renouveler son matériel et de pratiquer la culture intensive, il réclama des institutions de crédit destinées à lui procurer les capitaux nécessaires pour rendre son exploitation plus fructueuse.

C'est en 1840 que, pour la première fois, l'idée de constituer le crédit agricole se manifesta par un vœu émis par le Conseil général de l'Agriculture, des Manufactures et du Commerce.

Une enquête à l'étranger fut prescrite, et le Conseil supérieur de l'Agriculture, réuni de nouveau en 1845, émit l'avis qu'il serait utile d'introduire en France des institutions analogues à celles du Crédit foncier allemand, et de poursuivre les études sur l'organisation du crédit agricole mobilier.

L'avis du Conseil supérieur ne reçut de sanction qu'en 1848, par le dépôt d'un projet de loi préparé par Tourret, qui était, à cette époque, ministre de l'Agriculture et du Commerce et qui s'intéressait d'une façon toute spéciale aux questions agricoles. Ce projet était le germe de la grande institution du Crédit foncier créé en 1852.

La question du Crédit agricole mobilier ne fut pas abandonnée après l'organisation du Crédit foncier. En 1853, les Chambres consultatives d'agriculture, consultées, lui furent favorables, et de nouvelles enquêtes furent prescrites à ce sujet. Des projets d'organisation furent soumis à l'Administration. Une commission, nommée en 1854, fut chargée de les examiner. En 1856, elle déposa son rapport, qui repoussait tous les systèmes proposés, sauf celui présenté par MM. d'Esterno, de Beaumont, Gareau, de Torcy, de Béhague, agriculteurs distingués, membres de la Société d'Agriculture de France, et auxquels devait se joindre plus tard M. de Germiny, qui demandaient la modification de l'article 2076 du Code civil, afin de permettre le nantissement d'objets agricoles mobiliers sans déplacement du gage (1).

Le Gouvernement n'accepta pas les conclusions de la Commission et ne retint de ses travaux qu'un projet consistant dans la création d'une grande banque agricole. On connaît le sort qui lui était réservé.

La solution donnée par le Gouvernement aux propositions de la Commission de 1856 souleva de nombreuses réclamations, qui eurent pour conséquence la nomination, en 1863, d'une nouvelle commission qui prit le nom de « Commission de 1866 ».

M. d'Esterno représenta son projet de prêt sur nantissement sans déplacement du gage; il l'avait légèrement modifié et le formulait de la manière suivante :

Créer, par exception à l'article 2076, la faculté de constituer un gage sans déplacement, laissé sous la garde et la responsabilité du débiteur, qui serait alors considéré comme séquestre. Ce nouveau mode de nantissement ne devait s'appliquer qu'aux récoltes, aux coupes de bois réglées ou non réglées, aux bestiaux et aux instruments agricoles.

---

(1) Parmi les projets relatifs au nantissement sans déplacement du gage qu'eut à examiner la Commission de 1856, s'en trouvait un dû à l'initiative de M. Constant, avocat à Thiers, que nous croyons devoir signaler.

M. Constant proposait d'instituer une banque agricole qui consentirait des prêts aux cultivateurs sur leur mobilier agricole, leurs récoltes en granges, etc.

Pour ce prêt sur gage, M. Constant proposait d'autoriser la banque agricole à faire des avances sur consignations à domicile, mais à la condition que cette avance ne pourrait excéder le tiers de la valeur du gage. Le prix ne devait être constaté par aucun acte, les livres de la banque faisant foi et ayant date certaine, sans enregistrement.

À l'échéance du terme, la banque aurait eu le droit de faire vendre le gage sans sommation, sans délai, sans intervention de la justice, ni même sans l'ordonnance du président prescrite par l'article 2078 du Code civil, sans autre formalité que l'affichage.

Le juge de paix du domicile du débiteur devait procéder à la distribution du prix par contribution, juger les contredits entre créanciers et prononcer en dernier ressort jusqu'à la somme de 600 francs.

MM. Frémy, Leviez et Delhard proposaient d'autoriser de donner en gage les récoltes, engrais, bestiaux et instruments garnissant une exploitation agricole, sans déplacement, au moyen d'une inscription au bureau des hypothèques ou de de tout autre formalité semblable.

L'éminent jurisconsulte qui peut être considéré comme l'un des principaux fondateurs du Crédit foncier de France, et qui a consacré sa longue vie à l'étude des questions de législation rurale, M. Josseau, chargé de présenter, au nom de la commission, le rapport au ministre et de formuler le projet de loi, proposait d'ajouter à l'article 2076 les deux paragraphes suivants :

« Néanmoins, pour les ustensiles aratoires, les animaux de toute espèce et, autres objets attachés au service d'un fonds rural, même à titre d'immeubles par destination, les produits récoltés, les récoltes coupées ou pendantes par branches et par racines, les coupes ordinaires de bois taillis ou de futaies régulièrement aménagées dans l'année qui précède l'époque de l'abatage, il peut être convenu que les objets resteront en la garde et la possession soit du propriétaire exploitant son fonds par lui-même, soit du fermier ou du métayer qui les aura donnés en gage, suivant que lesdits objets appartiennent à l'un ou à l'autre, à charge par lui de pourvoir à leur entretien et à leur conservation.

« En cas de vente par le débiteur des objets ainsi engagés, il est tenu d'en mettre immédiatement le prix à la disposition de son créancier, ou de le remplacer par des objets d'égale valeur, lesquels seront de plein droit soumis à l'effet de la convention. »

La question se précisait. Sans doute, quelques-unes des dispositions proposées par M. Josseau, telles que l'emprunt sur les animaux, les instruments, les récoltes pendantes, étaient hasardeuses et devaient effrayer ceux qui ont peur de toutes les innovations. Il eût été peut-être plus habile d'être plus modéré, mais les réformateurs sont insatiables ; ils ont des vues immenses et oublient toujours que ce n'est que progressivement et doucement que les réformes s'accomplissent.

Quoique le rapport de M. Josseau, très habilement rédigé, réfutât avec beaucoup de force toutes les objections contre la création du gage agricole sans déplacement, la Commission se montrait divisée. Néanmoins, le Gouvernement soumit le projet de loi tel qu'il avait été élaboré par la Commission aux délibérations du Conseil d'Etat.

L'étude en fut commencée ; le Conseil d'Etat renvoya le projet à l'examen des ministres de la Justice et des Finances, qui, tous deux, firent des objections. Puis survinrent les événements de 1870, qui empêchèrent le Conseil d'Etat de se prononcer. Du reste, il est permis de supposer que la proposition Josseau n'eût pas eu de chances d'être accueillie, et cette supposition est basée sur une déclaration de M. de Boureuille, secrétaire général du ministère de l'Agriculture, du Commerce et des Travaux publics, et conseiller d'Etat, à la commission de l'enquête agricole dont il était membre. Une sous-commission de l'enquête agricole avait examiné la question du nantissement sans déplacement du gage, et M. de Boureuille, au cours de la discussion, n'avait pas dissimulé que le rôle du Gouvernement devait se borner à laisser à l'initiative privée le soin de créer des institutions de crédit agricole, et que celles-ci n'avaient à attendre pour leur fonctionnement aucune dérogation au droit commun.

C'était encore un échec.

Les désastres subis par notre pays, les plaies à panser, la reconstitution morale et matérielle de la France absorbèrent toutes les préoccupations pendant quelques années. Mais, en 1880, quand le pays eut repris conscience de sa vitalité et de sa force, les agriculteurs revinrent à la charge et M. Teisserenc de Bort, jugeant la question à point, nomma une nouvelle commission présidée par M. Bozérian, avec mission de chercher les moyens de donner satisfaction à des revendications qui se faisaient chaque jour plus pressantes et de formuler des réformes dont les partisans, de plus en plus nombreux, signalaient la nécessité.

La commission, après une nouvelle enquête très sérieuse et très approfondie, proposait un certain nombre de réformes, telles que la liberté du cheptel et la commercialisation des engagements des agriculteurs, et elle insistait surtout sur l'utilité d'une loi autorisant les agriculteurs à emprunter sur nantissement, sans déplacement du gage, dans des conditions déterminées.

S'inspirant des travaux de cette commission, M. de Mahy, alors ministre de l'Agriculture, avait déposé, le 20 juillet 1882, sur le bureau du Sénat, un projet de loi dans lequel figurait la modification de l'article 2076.

Le Sénat examina, dans une première délibération, le projet de loi, et, après une courte discussion en séance publique, la Haute Assemblée demanda au ministre de l'Agriculture de vouloir bien consulter la Société nationale d'Agriculture de France sur l'utilité de faciliter le crédit aux agriculteurs, sur les dispositions qu'il conviendrait de prendre pour le leur procurer, et enfin prier la Compagnie de donner son avis sur le projet qui lui était soumis.

Le 26 décembre 1883, M. Méline, qui avait succédé à M. de Mahy au ministère de l'Agriculture, fit part à la Société nationale du désir manifesté par le Sénat.

La Société, déférant au vœu exprimé par le Sénat, s'empressa de nommer une commission chargée de procéder à une enquête à laquelle prendraient part tous les membres de la Société, titulaires associés ou correspondants français et étrangers. Afin de rendre l'enquête plus complète et de ne négliger aucune source de renseignements, les membres de la Société étaient priés de prendre, à leur tour, des informations dans leur entourage et de provoquer des réponses soit des sociétés ou comices auxquels ils appartiendraient, soit des personnes s'étant occupées avec utilité du crédit agricole.

Cette enquête dura quinze mois; elle fut close après une discussion en assemblée générale. La Société nationale acquiesçait au projet de loi qui lui était soumis et émettait l'avis que le crédit dont jouissait l'agriculture était insuffisant pour les besoins de l'exploitation du sol; que, pour obtenir ce crédit, il fallait supprimer les entraves de la législation actuelle, et, entre autres, modifier l'article 2076 du Code civil et autoriser le cultivateur à donner en gage des effets mobiliers en lui permettant d'en garder la possession.

La réponse de la Société nationale d'Agriculture de France fut adressée, au mois d'avril 1885, au ministère de l'Agriculture, qui la fit parvenir au Sénat.

Ce ne fut que trois ans après que la loi sur le crédit agricole y fut discutée. Malgré les avis donnés par les personnes les plus autorisées, le Sénat ne voulut admettre aucun changement à l'article 2076. Cette loi du crédit agricole, sur laquelle on avait fondé tant d'espoir, se réduisit à une légère modification apportée à l'article 2102 du Code civil.

Transmise à la Chambre des députés, qui n'y apporta aucune modification, la loi fut promulguée le 19 février 1889.

C'était un avortement complet. La question n'était pas encore mûre.

Les agriculteurs ne se découragèrent pas et reproduisirent presque immédiatement leurs revendications.

En 1890, proposition de M. Emile Ferry, député, rapportée par M. Dupuy-Dutemps.

En 1891, proposition de M. Martinon, député.

Ces propositions ne vinrent pas en discussion.

Il était réservé à M. Méline, président du Conseil, de reprendre la question et de la faire aboutir.

Le 28 octobre 1897, sans nommer de nouvelle Commission, car il estimait qu'il y en avait eu assez précédemment, et qu'on ne pouvait que répéter ce qui avait été déjà dit, M. Méline déposait à la Chambre des députés un projet de loi reproduisant, sauf quelques détails, les projets précédents.

La réforme, depuis si longtemps attendue, ne pouvait pas avoir un meilleur promoteur.

Sa haute autorité et sa compétence indiscutable dans les questions de crédit agricole lui permirent d'en activer la discussion aussi bien à la Chambre qu'au Sénat, et, le 10 juillet 1898, la loi était promulguée. Peu après, le décret fixant les honoraires et les droits à payer aux greffiers de justice de paix chargés de la délivrance des warrants était inséré à l'*Officiel*, et la loi des warrants était en état de fonctionner juste un an après son dépôt au Parlement.

Une pareille rapidité pour une loi non politique tenait un peu du miracle.

II

Quoique nous reconnaissions le principe de la loi excellent, quoique nous ayons applaudi à sa promulgation depuis si longtemps réclamée par l'agriculture, nous croyons toutefois devoir critiquer quelques-unes de ses dispositions.

Rappelons, tout d'abord, car nous en reparlerons plus loin, que c'est la loi du 11 juin 1858, relative aux négociations concernant les marchandises déposées dans les magasins généraux, qui a créé les warrants commerciaux et réglementé leur mode d'emploi. Les warrants commerciaux et les warrants agricoles diffèrent en ce point essentiel que dans les premiers la chose engagée est déposée dans un magasin général, c'est-à-dire en la possession d'un tiers, conformément à l'article 2076 du Code civil, tandis que dans le warrant agricole, contrairement aux dispositions de l'article précité, elle reste entre les mains du débiteur.

Ceci dit, examinons la loi du 18 juillet 1898 qui, dans son article 2, énumère les produits pouvant être donnés en gage.

Cette nomenclature contient une contradiction.

Elle n'a pas inscrit les pailles au nombre des produits agricoles susceptibles d'un warrant. Cette prohibition s'explique fort bien. La paille est indispensable à l'exploitation du domaine pour la production du fumier. Bien plus, dans de nombreux baux, défense est faite au fermier de vendre les pailles qui doivent être utilisées dans l'exploitation. Si cette défense a sa raison d'être, comment peut-on justifier le droit que donne la loi à l'emprunteur de donner en gage les céréales en gerbes? Le cultivateur pourra warranter une meule, grain et paille, tant qu'elle est à l'état de meule; mais une fois la meule battue, son droit sera restreint au grain. Dans le même article, la loi permet et défend la même chose. Il y a là une contradiction qui a certainement échappé au législateur.

Si l'énumération a jusqu'à un certain point sa raison d'être pour le fermier, ce que nous nous réservons de discuter plus loin, on ne saurait l'admettre pour le propriétaire qui est le maître absolu de ses biens mobiliers et immobiliers.

Pourquoi la loi restreint-elle son droit? Qu'a-t-on voulu? Lui donner du crédit. Fournissez-lui donc tous les moyens de s'en procurer. Pour quelle raison lui interdire le warrantage d'objets qu'il peut aliéner, tels que les pailles, le fumier, les instruments agricoles (1)?

Cette réglementation uniforme, appliquée au propriétaire et au fermier, ne peut s'expliquer que par une loi d'atavisme. Toutes les fois qu'il s'agit de légiférer sur l'agriculture, on ne se préoccupe que du fermier exploitant le domaine d'autrui et on ne tient aucun compte du propriétaire et surtout du petit propriétaire, auquel le crédit est particulièrement nécessaire, parce qu'il ne possède aucun capital de roulement.

Et pourtant le nombre des propriétaires exploitant directement leurs domaines est bien supérieur à celui des fermiers et métayers réunis. Il s'élève à près de 2,200,000 (2), tandis que celui des fermiers et métayers dépasse à peine 1,400,000.

La nomenclature des objets pouvant être donnés en gage par le propriétaire n'a donc pas de raison d'être. En est-il de même pour le fermier? Ici il faut distinguer. Exploitant un domaine comme locataire, son droit doit être restreint aux produits qu'il peut vendre. Il ne saurait lui être permis d'engager les objets qui sont indispensables à la bonne exploitation du sol, les pailles, les engrais, les instruments agricoles; mais en est-il de même pour les produits dont il possède la libre disposition, tels que les céréales, les légumes et les fruits secs, les laines, le miel, le vin, etc.? Pourquoi l'obliger à solliciter le consentement de son propriétaire auquel il est redevable de termes échus, quand il cherche à emprunter sur des denrées qu'il peut vendre sans prévenir son bailleur.

On répond que le propriétaire qui n'a pas été payé à l'échéance a le droit de saisir les meubles de son débiteur. C'est incontestable. Le jour où la saisie-gagerie est opérée, le fermier n'a plus la disposition d'aucun meuble. Il se trouve dépossédé.

Mais tant qu'il n'est pas saisi, le fermier a le droit de vendre; alors pourquoi lui interdire d'emprunter? L'emprunt cause un préjudice moindre au bailleur, puisque l'emprunt ne porte que sur une partie de la chose donnée en gage et qu'il retient sur le domaine la totalité de la chose engagée.

Qu'a voulu la loi de 1898? Permettre entre autres à l'emprunteur d'attendre un moment favorable pour vendre ses récoltes à un prix plus rémunérateur. S'il en est ainsi, et telle a bien été l'intention du législateur, le droit de *veto* attribué au bailleur n'est point justifié; se défie-t-il de son fermier, craint-il que son gage disparaisse, qu'il le fasse saisir; sinon, qu'il ne mette pas obstacle à l'administration du domaine. En refusant à son fermier le droit de warranter, le propriétaire l'obligera à vendre dans de mauvaises conditions et, par sa faute, la situation aura empiré.

D'autre part, le législateur de 1898 n'a pas pris garde que ce que la loi sur les

---

(1) Nous pourrions peut-être admettre que la loi interdit le warrantage des animaux, afin de couper court aux contestations et aux procès qui pourraient en résulter. Les animaux constituent un gage précaire et dangereux. Ils exigent des soins assidus. De plus, ils sont exposés à des maladies qui, en cas d'épizootie, pourraient, malgré les assurances, ne pas présenter une sécurité suffisante pour le prêteur. Dans ces conditions, l'interdiction du warrantage serait une disposition d'ordre public que le législateur aurait le droit de prendre.

(2) Dans ce chiffre ne sont pas compris près de 600,000 journaliers, propriétaires d'un petit bien, qui à ce titre sont à la fois exploitants et salariés. (*Enquête agricole décennale de* 1892, 1re partie, p. 381.)

warrants agricoles interdit est permis par la loi de 1858. Aucun texte n'empêche un fermier de charger sur des wagons des sacs de blé, d'avoine ou d'orge, de les expédier à un magasin général qui lui remettra un warrant, lequel trouvera facilement preneur. Et cette opération, il peut la faire sans avoir l'autorisation de son propriétaire.

Sans doute, dans la loi de 1858, il ne s'agit pas du gage sans déplacement. Mais ce qui préoccupait le législateur de 1898, ce n'était pas la forme du contrat de gage, mais le contrat de gage lui-même. Ce qu'il a eu en vue surtout, c'était de ne pas porter atteinte à la garantie du propriétaire. Et cette garantie, dont la loi de 1898 a pris tant de souci, le législateur de 1858 n'en avait tenu aucun compte.

Il est vrai que, seuls, les riches fermiers peuvent recourir au dépôt, dans les magasins généraux, dépôt qui entraîne des frais de transport et de magasinage. Mais, en droit, on ne saurait distinguer entre le riche et le pauvre ; la loi doit être la même pour tous.

Nous estimons donc qu'il eût été préférable de faire deux catégories : l'une sans restriction pour les propriétaires, l'autre restreinte aux produits dont le fermier a la liberté de disposer sans porter préjudice à l'exploitation, et de supprimer cette lettre recommandée qui augmente les frais et qui, entre les mains de propriétaires malveillants et tracassiers, peut porter préjudice à la fois au bailleur et au preneur.

A force de vouloir protéger le propriétaire, on lui confère un droit dangereux, puisqu'il repose sur cet adage oppressif : « *Sic volo, sic jubeo,* » et on en vient à oublier cet axiome : « *Qui peut le plus peut le moins.* »

Faut-il conclure de ces critiques, que nous nous sommes permis de formuler, que nous demandons une réforme de la loi ? Non !

Telle qu'elle est, la loi constitue un progrès notable ; elle doit produire des résultats excellents. Gardons-nous donc d'y toucher, même pour l'améliorer. Laissons-lui le temps de fonctionner ; plus tard on verra. Nous pensons que, pour le bien du pays, il importe que la législation soit aussi stable que possible. Les changements trop fréquents lui enlèvent le respect qui lui est dû et déconcertent les intéressés qui finissent par ne plus connaître l'étendue de leurs devoirs et de leurs droits.

Les réflexions que nous venons de présenter ayant surtout un caractère théorique, nous ne croyons pas devoir insister davantage.

III

Voilà bientôt deux ans que cette loi fonctionne, nous devons maintenant examiner les effets qu'elle a produits.

Au mois d'avril dernier, lors de la discussion du budget au Sénat, M. le Ministre de l'Agriculture, questionné sur les résultats donnés par la loi du 18 juillet 1898, fit connaître que le nombre des warrants constitués en 1899 s'était élevé à 570, et que les prêts consentis avaient été de 2,350,000 francs. Ces résultats ne sont que partiels, attendu que les renseignements font défaut pour deux ressorts de Cour d'appel.

Grâce à la bienveillance de M. le Ministre de l'Agriculture, il nous a été permis de prendre connaissance de cette enquête. Il ressort de cet examen que, dans soixante départements français, les cultivateurs ont usé de ce nouveau mode de crédit, et qu'en Algérie, dans les trois départements d'Alger, d'Oran et de Constantine, 20 warrants ont été établis, pour une somme dépassant 150,000 francs.

Sur quelle nature de produits les warrants ont-ils été établis ?

En premier lieu, il faut noter les vins. C'était à prévoir. Le vin en foudre et en barrique est une denrée essentiellement warrantable. Le vin est un produit d'une conservation facile et d'une valeur peu sujette à grandes variations. Bien plus, il s'améliore en vieillissant, de sorte que la garantie du créancier augmente avec le temps. Après le vin viennent les céréales, puis les pommes de terre, les bois, les laines, les fourrages, le tabac, les betteraves, le cidre, l'eau-de-vie, les légumes secs, les graines à ensemencer, les plantes officinales, le sel marin.

On peut constater, d'après cette nomenclature, que la plupart des produits prévus par l'article 1er de la loi du 18 juillet 1898 ont été l'objet de warrants.

Les départements dans lesquels la valeur des prêts consentis sur warrants a été la plus considérable sont, en France :

Les départements de l'Aube, du Calvados, de la Charente, de la Charente-Inférieure, de la Côte-d'Or, de la Dordogne, de la Drôme, d'Eure-et-Loir, du Gers, de la Gironde, de l'Hérault, de l'Indre, de la Loire-Inférieure, de la Marne, de la Mayenne, de Meurthe-et-Moselle, de la Meuse, de la Nièvre, de Seine-et-Oise, de la Seine-Inférieure, des Deux-Sèvres, de la Somme et de Tarn-et-Garonne.

Et en Algérie :

Les départements d'Alger et de Constantine.

L'examen de cette enquête nous a révélé également quelques nullités dans la constitution de certains warrants, nullités qui démontrent que la loi est encore mal connue, même par quelques-uns de ceux qui sont chargés de l'appliquer.

Dans plusieurs départements, des warrants ont été consentis sur des pailles et des animaux de ferme. Ces warrants sont nuls, puisque la paille et le bétail ne figurent pas au nombre des objets pouvant être warrantés. Les greffiers qui avaient commis cette erreur encouraient, du fait de leur ignorance ou de leur légèreté, une responsabilité pécuniaire. Mais, comme ces warrants étaient de peu d'importance, et que emprunteurs et prêteurs étaient de bonne foi et d'honnêtes gens, le contrat a été suivi d'exécution, car nous n'avons pas entendu dire qu'aucune contestation ait été élevée à ce sujet.

Et, maintenant, quelle conclusion devons-nous tirer des faits que nous venons d'exposer ? Quel pronostic pouvons-nous établir pour l'avenir de cette loi, sur laquelle certaines personnes fondent de grandes espérances, alors que d'autres déclarent qu'elle ne saurait produire aucun effet ?

Notre opinion personnelle est que les résultats acquis après une première année d'application sont considérables. Jamais nous n'aurions osé espérer que, dans les douze premiers mois de mise en vigueur de la loi du 18 juillet 1898, il eût été constitué en France et en Algérie près de six cents warrants.

Voici les raisons de notre satisfaction :

Il faut, d'abord, se rendre compte que cette loi ne s'applique qu'aux petits cultivateurs et aux petits fermiers, que les grands propriétaires et les riches fermiers n'y auront recours de longtemps, parce qu'ils préfèrent envoyer leurs produits dans les magasins généraux, où il leur sera possible de les warranter en se servant de la loi du 11 juin 1838. Ce mode d'emprunt leur sera un peu plus onéreux, mais l'opération s'effectuera à l'insu de leur entourage, loin de leur résidence, et tout le monde sait que les cultivateurs, petits ou grands, ne craignent rien tant que de faire connaître leurs affaires, et qu'ils préfèrent beaucoup dépenser un peu plus, afin d'être à l'abri des commérages et des commentaires toujours malveillants.

Or, la généralité des petits cultivateurs et des petits fermiers, malgré la publicité donnée à la loi, malgré les affiches apposées dans toutes les communes de France, ne se doute pas de ce qu'il faut entendre par *warrant*. Ce mot, emprunté à nos voisins, qui, s'il a une signification en anglais, n'en a aucune en français, a un aspect rébarbatif qui ne dit rien à nos paysans. Déjà, l'emploi seul d'un terme qu'ils ne comprennent pas leur met l'esprit en défiance.

Même en supposant que quelques-uns d'entre eux aient voulu se rendre compte, qu'ils aient lu les affiches, les articles des journaux agricoles traitant de la question, qu'ils aient assisté aux conférences des professeurs d'agriculture, il leur entrera difficilement dans l'esprit comment un emprunteur peut donner un objet en gage et garder cependant cet objet en sa possession.

Il y a là quelque chose qui les déroute.

Sans doute, les paysans n'ignorent pas ce que c'est qu'un prêt sur gages. Ils savent, soit pour en avoir usé eux-mêmes, soit pour en avoir vu d'autres s'en servir, qu'il existe, dans les villes, des établissements de prêt sur gages, appelés « Monts-de-Piété », que l'on y porte sa montre ou un objet mobilier quelconque, et que, contre ce dépôt, on vous remet une somme d'argent représentant la moitié ou les deux tiers de la valeur du dépôt. Ils comprennent ce contrat, qui consiste en un prêt d'argent moyennant une garantie, parce que cela est simple et logique ; mais qu'un débiteur donne un objet en gage et le garde en sa possession, cela bouleverse leur esprit et leur paraît illogique et incompréhensible. L'esprit de nos campagnards est simpliste : pour eux, un gage qui n'est pas remis au créancier ou à un tiers, qui reste entre les mains de l'emprunteur, n'est pas un gage, puisque, par le fait même du maintien du nantissement entre les mains du débiteur, la garantie disparaît, car rien n'empêche le débiteur de l'aliéner au détriment de son créancier.

Les sanctions de la loi auxquelles s'expose le débiteur infidèle ne leur donnent aucune tranquillité. Peu leur importe qu'on mette le délinquant en prison ; ils ne sont touchés que par la crainte de perdre leur argent.

Quant à la parole du débiteur, le cultivateur ne lui accorde en général aucune créance ; il est, de sa nature, méfiant, et, fût-il très scrupuleux lui-même, il a de la peine à admettre la bonne foi chez son voisin. Si, par hasard, il y croit, s'il a une confiance suffisante pour prêter de l'argent à un camarade qui lui demande ce service, il ne lui viendra jamais à l'idée de lui réclamer, en garantie, des pièces de vin ou des sacs de blé restant chez l'emprunteur.

C'est donc une éducation à entreprendre, des idées nouvelles à faire pénétrer dans des cerveaux rebelles, et tout le monde sait combien cette œuvre est difficile.

En France, nous avons le défaut de nous engouer de tout ce qui est nouveau, sans étudier ce que vaut cette nouveauté, ni rechercher le bénéfice qu'on en peut tirer. Nous croyons volontiers que les institutions nouvelles vont immédiatement donner des résultats définitifs. Si, au début, ils sont modestes, s'ils ne répondent pas à nos désirs, nous nous en désintéressons en déclarant que le nouvel organisme ne vaut rien et qu'il ne produira jamais d'effets.

Et pourtant, que d'exemples autour de nous, qui démontrent qu'en réforme économique la réussite, pour être lente, n'en est pas moins sérieuse et éclatante.

Ce reproche de lenteur et de routine, que nous adressons sans cesse aux habitants des campagnes, est-il justifié? Est-il spécial à cette portion du peuple français?

La bourgeoisie aisée, intelligente, n'a-t-elle pas les mêmes défauts? Et pourtant, elle habite dans les centres où les idées se remuent, où les réformes se discutent et se préparent. Eh bien! lorsqu'un nouvel organisme améliorant la situation économique est mis à son service, s'empresse-t-elle de s'en servir?

Voilà trente-cinq ans que la loi de 1865 a mis à notre disposition le chèque, cet instrument de crédit merveilleux, qui, dans l'avenir, diminuera dans d'énormes proportions la circulation monétaire. En dehors des industriels, des commerçants, le nombre des Français qui en font usage, à l'heure actuelle, est extrêmement limité; il serait curieux de connaître, si une telle enquête pouvait se faire, combien on rencontrerait de carnets de chèques dans les classes moyennes.

La circulation courante du billet de banque n'est déjà pas si ancienne. Dans la première moitié du siècle, la possession d'un billet de banque dans la petite bourgeoisie était extrêmement rare. Tous les paiements se faisaient en espèces et surtout en pièces de cinq francs. Il est vrai de dire qu'il n'existait pas alors de billets d'une valeur inférieure à cinq cents francs. Le billet de banque ne s'est démocratisé et n'est devenu, dans les villes, d'un usage général qu'à l'apparition des coupures de cent francs.

Mais, dans les campagnes reculées, les vieux paysans qui ne savent ni lire ni écrire ne les reçoivent encore en payement que de très mauvaise grâce et s'empressent d'aller les changer chez le boucher ou le boulanger de la commune, pour des écus ou des louis, comme ils disent. Ce chiffon de papier ne leur dit rien qui vaille. Ils ont entendu parler des assignats par leurs ancêtres, et la vue du papier-monnaie leur cause toujours une certaine terreur.

Le préjugé va en s'affaiblissant chaque jour, et les nouvelles générations plaisantent la terreur de leurs parents. Celles-ci ont presque toutes reçu un peu d'instruction; elles n'ont jamais entendu dire qu'un billet de la Banque de France ait été refusé en paiement; elles savent que le percepteur, la receveuse des postes, les marchands d'engrais, de semences, d'instruments, de bestiaux, l'accepteront volontiers et souvent même de préférence à l'argent monnayé, qui est lourd et encombrant, et cette certitude de la valeur de ce chiffon de papier qui, n'importe à quel moment, pourra leur permettre d'acheter ce qu'elles voudront, a établi le crédit du billet de banque, car le crédit n'est autre chose que la confiance.

S'il a fallu un siècle pour que le billet de banque devînt d'un emploi général sur toute l'étendue du territoire français (et encore ne sommes-nous pas un peu optimiste en produisant cette affirmation?), comment peut-on supposer que le nantissement, sans déplacement du gage, va devenir subitement d'un usage courant dans les campagnes?

En dehors des raisons que nous avons données plus haut, il en est une autre qui, certainement, retardera l'emploi du prêt sur gage sans nantissement : nous voulons parler d'un sot préjugé, qui est malheureusement trop développé parmi nos populations rurales.

On a tellement répété cette phrase, sans en comprendre la portée :

« Le cultivateur qui emprunte court à sa ruine, »
qu'il a fini par y croire, sans examiner si l'emprunt avait pour objet l'amélioration de son domaine, des dépenses de luxe, ou telles autres non productives.

Or le petit agriculteur est timide et soucieux du qu'en-dira-t-on. Il craindra, s'il cherche ouvertement à warranter ses récoltes, que ses voisins n'aient de lui une mauvaise opinion et ne le supposent mal dans ses affaires. Il reculera donc devant la facilité que lui donne la loi de 1898, à cause des commentaires que son emprunt pourrait susciter, et préférera s'adresser à un usurier, qui le rançonnera et le grugera, mais de la discrétion duquel il sera sûr.

Tels sont les motifs qui s'opposeront, pendant quelque temps, à la généralisation de l'emploi du warrant. Qu'importe que les populations agricoles soient lentes à s'y habituer, pourvu qu'elles s'y habituent? Le législateur ne travaille pas seulement pour le présent, mais aussi pour l'avenir.

D'ailleurs, si l'on considère les progrès que le crédit, la prévoyance, l'association ont réalisés depuis vingt ans dans nos campagnes, on peut hardiment garantir que les bienfaits de la loi sur les warrants agricoles seront plus rapidement appréciés qu'on ne le suppose.

Quand on constate l'énorme développement pris par les syndicats agricoles, on peut être rassuré et avoir la certitude que la timidité et la routine, que l'on reprochait et que l'on reproche encore à nos campagnards, se transformeront en confiance en soi et en initiative.

Les chiffres suivants le démontreront.

La loi des syndicats date à peine de seize ans. Elle heurtait les mœurs et les habitudes des cultivateurs, si épris d'individualisme et, partant, si réfractaires à l'association et à la coopération, et, cependant, son succès auprès des habitants des campagnes a été surprenant. Rapidement, ceux-ci ont compris tous les avantages et toutes les facilités que pourrait leur procurer le groupement syndical et, à l'heure actuelle, on compte en France 2,224 syndicats agricoles, comprenant plus de 600,000 membres.

Et le mouvement ascensionnel n'est pas terminé, car, depuis 1884, le nombre des syndicats a toujours été en augmentant.

Il en sera de même de la loi de 1898.

Quoiqu'ayant débuté modestement, elle a déjà donné des résultats inespérés qui porteront leurs fruits. L'exemple est contagieux.

Les caisses régionales agricoles, qui vont incessamment entrer en fonctions, en fournissant des fonds de roulement aux caisses de crédit agricole mutuel, faciliteront la constitution des warrants, et nous sommes convaincu que, d'ici à quelques années, ce nouvel instrument de crédit, compris et apprécié par le cultivateur, sera couramment utilisé au plus grand profit de l'agriculture, car elle lui permettra d'exercer une influence salutaire sur le cours des denrées.

La loi du 18 juillet 1898, autorisant le warrantage de certains produits, sans déplacement du gage, a opéré une réforme des plus utiles.

La multiplication des caisses de crédit agricole facilitera le placement des warrants dans des conditions d'intérêt normal et aidera à la vulgarisation de ce nouvel instrument de crédit.

Henry MARCHAND,
Sous-Directeur honoraire de l'Agriculture.

VII

DE TROIS QUESTIONS PRÉPARATOIRES A L'ORGANISATION DE LA VENTE EN COMMUN DU BLÉ

Par M. Alfred PAISANT,

Président du Tribunal civil de Versailles.

I. — Comment le droit de douane agit-il sur le prix des céréales?

On croit souvent que les 7 francs de droit qui protègent les blés doivent être ajoutés à la valeur du blé sur le marché universel, pour former le prix de vente du blé indigène. On raisonne ainsi : si le blé vaut 16 francs dans les ports, il doit valoir 23 francs sur le marché intérieur pour la valeur du blé national, parce que le blé étranger ne pourra faire concurrence dans les marchés français que si on le paye 23 francs, soit 16+7; on pourrait même dire si on le paie 24 ou 25 francs, car, aux 16 francs de son prix dans les ports, il faut ajouter, non seulement le chiffre de 7 francs pour le droit de douane, mais encore 1 fr. 50 à 2 francs pour le transport et autres frais jusqu'à la place où il est livré à l'acheteur. D'où on arrive à faire des reproches à notre système douanier qui partent de deux partis contradictoires. En effet, les libres-échangistes ne manquent pas de dire : « Vous voyez bien que le droit de douane est inutile puisqu'il ne joue pas; que, lorsque le blé vaut 16 francs dans les ports, il ne vaut parfois que 17 fr. 50 à Paris, et que même les prix peuvent arriver à s'égaliser. » Les partisans des droits protecteurs disent à leur tour : « Le droit de 7 francs ne suffit pas; il doit se produire des fissures par lesquelles le blé étranger pénètre dans nos stocks et pèse sur les cours : car, sans cela, le blé vaudrait pour le moins 8 francs de plus que ce qu'il se vend à Londres ou à Anvers. »

Ces deux manières de voir sont fausses. Ces objections prouvent que l'on demande au droit d'entrée autre chose que ce qu'il peut produire véritablement.

Examinons les choses au triple point de vue du raisonnement, des faits et de l'opinion des économistes les plus modernes. Par le raisonnement, nous voyons apparaître cette vérité que, tant que le pays produit autant que ses besoins l'exigent, le blé étranger ne peut pas entrer en France. Je laisse de côté la question des admissions temporaires qu'il n'y a pas lieu de traiter ici et qui vont sans doute être modifiées, et je raisonne comme si elles étaient supprimées ou comme si elles ne laissaient pénétrer, en réalité, aucune céréale pour concurrencer nos prix. Dans l'hypothèse d'une production supérieure ou simplement adéquate à nos besoins, la France forme un marché fermé. Le blé français ne lutte pas, pour le prix, avec le blé étranger. Quel va être son cours? Celui qui résultera de l'offre et de la demande, sans aucun autre facteur, c'est-à-dire du rapport nécessaire entre les besoins du consommateur et les besoins du producteur. En théorie, l'acheteur indigène se trouvera en face du vendeur indigène. Si celui-ci resserre ses offres, l'acheteur sera obligé d'avancer ses prix. Les blés américains, russes ou argentins ne seront que loin du théâtre du marché ou, pour mieux dire, dans la coulisse.

Le comprennent ainsi tous ceux qui, comme les membres de la Société d'agriculture de l'arrondissement de Béthune, ont engagé les cultivateurs de France à ne pas céder leurs blés au-dessous de 17 francs les 80 kilogrammes, soit 21 fr. 25 le quintal, chiffre qu'on devait obtenir facilement, suivant eux, et à bref délai, parce qu'il est encore bien au-dessous du prix que l'on devrait payer le blé introduit de l'étranger. Elle avait raison, cette Société, dans la dernière partie de son affirmation. Mais qu'est-ce que cela veut dire, si ce n'est que le droit de douane ne peut avoir aucune efficacité tant que les importations ne sont pas nécessaires? En effet, ce droit protège le blé indigène jusqu'au moment où le prix du blé étranger, augmenté du droit d'entrée et des frais divers de transport, dépasse les prix pratiqués sur le marché national. Or, à l'époque de la délibération de la Société de Béthune, le 13 novembre 1899, le blé valait aux environs de 18 francs; si le blé étranger valait alors 16 fr. 50 ou 17 francs, il aurait fallu forcer les prix jusqu'à 23 fr. 50, 24 francs, 25 fr. 50 ou 26 francs, pour que ce blé, pénétrant chez nous, produisit effet sur nos marchés. La Société espérait-elle majorer les prix par un vaste accaparement résultant d'une entente entre tous les cultivateurs? Cela est considéré comme impossible. Mais tout de même, par une organisation préalable entre vendeurs, on aurait resserré les offres et occasionné une meilleure tenue des cours.

En sens inverse, au lieu de voir des cours de 18 francs sur le marché français, à la halle, si l'on atteint aux cours de 26 francs, de 27 francs surtout, on verra se produire la concurrence nivelante du blé étranger. De telle façon que les esprits superficiels pourront dire, avec une apparence de raison : le blé n'est pas protégé du tout, puisque le droit de douane est inefficace quand le blé est bon marché, et qu'il est insuffisant quand le blé devient cher. — Ce jugement, logique dans ses termes, est cependant bien faux dans le fond. Le droit protecteur est comme un bienfaiteur éloigné, qui aide à la prospérité agricole en apportant à l'agriculteur sans qu'on l'aperçoive son action bienfaisante de tous les instants; et quand il cesse de protéger, c'est que le moment est venu pour l'État de songer à d'autres dangers, courant au plus pressé, tantôt du côté de l'agriculteur, tantôt du côté du consommateur. L'intérêt bien entendu du producteur est de ne pas paraître préparer la famine, car il n'y a pas de passion violente que l'on ne puisse alors surexciter pour porter des coups mortels à la production agricole. Agir autrement, ce serait courir au-devant de la suppression définitive des droits d'entrée.

Les choses doivent ainsi se passer a priori, d'après les seules données du raisonnement. Se passent-elles, en réalité, de la sorte? Nous le démontrerons par un seul exemple, celui de nos importations de la plus récente crise, celle de 1897-1898. Dans un travail qui a été publié par M. Girardot, dans l'Economiste européen du 29 décembre 1899, sur la production et l'importation du froment de 1875 à 1898, travail dont les chiffres sont présentés en hectolitres, il est dit que la consommation française, pendant les dix dernières années, a été quelque peu supérieure à 120 millions d'hectolitres, ce que l'on peut évaluer, en quintaux, à 90 ou 92 millions de quintaux. Les économistes ne sont pas d'accord sur ce point. D'après la statistique du ministère de l'Agriculture de Hongrie par exemple, la

France, pour l'année 1899, serait débitrice de blé pour environ 5 millions d'hectolitres.

Si l'évaluation de M. Girardot est exacte, l'année 1897, qui n'a produit que 86,900,088 hectolitres, devait importer en France, en 1898, environ 33 millions d'hectolitres, c'est-à-dire la différence entre 120, chiffre de ses besoins, et 87, chiffre de sa récolte. Or, elle en a importé 49,560,394 et exporté 1,176,771, ce qui fait qu'elle a été fournie par l'étranger d'une quantité de 48,363,623, excédant de 15 millions environ ses besoins supposés. Voilà comment la spéculation exagère toujours toutes les situations, — cela soit dit en passant.

Or, voici ce qui a été observé pour les prix :

Pendant la fin de l'année 1897 on eut la certitude que la récolte serait insuffisante en froment : le blé se cota 23 fr. 50 à Paris, tandis qu'il valait 16 fr. 50 à Londres, ce qui permet à M. Edmond Théry de faire remarquer, avec sa précision habituelle, qu'au point de vue de l'importation, au moment où des appréhensions plus ou moins sincères se manifestent dans le public sur les conséquences de cette disette, le droit de douane joue juste de toute sa valeur, soit de 7 francs. A la fin de juillet 1897, la mauvaise récolte est certaine : le quintal est de 27 fr. 50 à Paris et de 16 fr. 10 à Londres : la différence est alors de 11 fr. 40. Il y a donc eu un moment d'hésitation dans le commerce importateur ; mais cette différence de 11 fr. 40 n'a pas duré, car, depuis août 1897 jusqu'à la fin d'avril 1898, cette différence a varié de 10 fr. 55 à 6 fr. 50.

Le 4 mai 1898, le gouvernement de M. Méline, après une résistance honorable de plusieurs semaines, en proie aux accusations les plus passionnées et en pleine période électorale, suspend le droit de 7 francs. Je crois que le plus résolu de tous les protectionnistes n'aurait pu, sans danger, résister plus longtemps à l'opinion surexcitée. L'effet de cette résolution se fait sentir immédiatement. Nous sommes encombrés de blés étrangers : ils attendaient dans nos ports, comme fait l'eau dans un réservoir qui va crever, le moment de l'inondation. Encore, si les spéculateurs n'avaient pas redouté la ténacité bien connue du premier ministre et ses inébranlables convictions de protectionniste, peut-être auraient-ils doublé leurs approvisionnements. Enfin, le blé se maintient encore à 26 fr. 69 pendant le mois de juin. Le 1er juillet, le droit est rétabli et, à partir de ce moment, le blé tombe à 24 fr. 50.

Cette histoire est instructive. Puissions-nous la retenir et la graver dans nos esprits comme un avertissement.

Mon opinion c'est que, malgré la mauvaise récolte de 1897, il n'y avait pas, au point de vue économique, nécessité de lever temporairement le droit de 7 fr. au mois de mai 1898. — On aurait évité cette inondation de 48,363,623 hectolitres de blé, si on avait possédé une statistique bien faite des quantités détenues par les cultivateurs et s'il y avait eu entre ceux-ci une entente organisée depuis longtemps. C'est dans de pareils moments que l'organisation voulue par les promoteurs de ce Congrès aurait sauvé, pour plusieurs années peut-être, nos intérêts les plus pressants en équilibrant les prix.

Je me rappelle qu'au mois de mai 1898, j'eus l'occasion de m'entretenir de la situation avec un des hauts fonctionnaires du ministère de la Guerre ; il me dit en propres termes : « J'ai la conviction que la France possède encore de grandes réserves en blé, qui nous permettraient d'attendre jusqu'à la moisson de 1898. Le ministère de la Guerre ne peut, à aucun moment, se désintéresser de la question des approvisionnements ; nous sommes bien renseignés et des rapports presque journaliers de nos agents nous mettent constamment au courant des existences en céréales. Il n'existe pas de danger sérieux de disette. Supposons une guerre subitement déclarée. Nous ne serions pas longtemps à nous procurer le blé et la farine dont nous aurions besoin. C'est une panique qui n'a pas de fondement réel : la spéculation profite de la crainte populaire. Je suis sûr qu'il y a encore assez de blé dans les greniers des particuliers. On le cache peut-être, mais ceux qui le cachent, pour le vendre plus cher, seront trompés dans leurs calculs. » Tout cela était vraisemblable ; mais, que faire ?

Mon interlocuteur n'aurait pas posé cette question si les Coopératives de vente avaient existé et avaient été reliées à des agences coopératives régionales. L'entente entre les agriculteurs, faite sur la base de nos Sociétés en projet, aurait su calmer les esprits et aurait empêché, je crois, la crise actuelle. Depuis 1897, nous avons eu deux bonnes années : elles répondent amplement à la consommation ; certains calculs les font dépasser, à elles deux, de 10 millions de quintaux nos besoins. Nous n'avions donc pas besoin des blés étrangers dans cette extravagante proportion. Quand le quintal valait 25 francs, ces blés auraient pu nous concurrencer par une action légitime et nous donner l'occasion de vendre trois années de suite à un prix suffisant. L'action des Coopératives sera d'apaiser, chez les détenteurs, certaines suggestions déraisonnables qui font rêver le cultivateur devant les tas de son grenier. Il comprendra qu'il lui suffit de vendre au même prix que ses voisins quand, tous calculs faits, il aura encore un excédent légitime à empocher ; il ne se rappellera pas les bons coups de tel ou tel ancêtre en 1847 ou en 1897 ! Il aura des renseignements sûrs au sujet de la quantité restant à porter aux acheteurs et ne se fera pas d'illusions sur les augmentations possibles des prix. Une bonne statistique est la base d'un solide commerce.

Reste, en troisième lieu, à faire quelques citations qui achèveront notre conviction.

Quelqu'un avait dit et cru que, si on rétablissait le droit de 7 francs à partir du 1er juillet 1898, on aurait pendant six semaines des prix de famine. Le résultat fut contraire à cette opinion. Quand on vit le blé baisser à 24 fr. 50, M. Jules Domergue, directeur de la *Réforme économique*, expliqua ainsi la raison de la baisse :

« Le droit rétabli le 1er juillet 1898, écrivait-il, ne pouvait avoir d'action sur le cours du blé en France, par cette bonne raison que la France vient d'importer, pendant les mois de mai et de juin, les quantités qui lui sont nécessaires pour s'alimenter jusqu'à la prochaine récolte. » Et dans un autre endroit : « Nous ne cesserons de le répéter : Mît-on, à nos frontières, un droit de 10 francs, non pas par quintal, mais par *grain de blé*, qu'on ne ferait pas monter d'un centime le cours du marché intérieur, du jour où nous n'aurions pas besoin d'importer du blé. » Si réellement, comme cela paraît démontré, la production française de cette année, augmentée du stock restant de l'année dernière, se trouve supérieure ou simplement correspondante aux besoins de la consommation, et si, d'une façon ou d'une autre, notre marché ne devient pas importateur, le cours du blé ne se relèvera, en France, que si une hausse se produit sur le marché universel. M. Edmond Théry partage cette manière de voir, et il fait remarquer que la spéculation a seule profité de la suspension provisoire du droit ; la consommation n'en a retiré aucune espèce d'avantage, et le Trésor y a perdu environ 70 millions de francs. Un droit de douane, destiné à protéger un produit quelconque, c'est-à-dire ayant pour objet de maintenir une différence théorique entre le prix de ce produit sur le territoire français et le prix auquel on peut se le procurer sur les marchés étrangers, ne peut exercer son plein effet que si les besoins de la consommation indigène sont notablement supérieurs à la production indigène elle-même.

« Il n'est pas possible, pour les céréales, de créer artificiellement, par le concours de l'Etat, un courant d'exportation et une concurrence sur le marché universel, » a écrit M. Charles Simon, consul général de Roumanie à Mannheim, dans son intéressante brochure sur *la Baisse du prix du blé en France*. Or, si l'on ne crée pas de concurrence sur le marché universel, le sort de ce marché est indifférent au marché français, tant qu'il est fourni de produits indigènes pour l'étendue de ses besoins. Cela revient à dire que le droit de douane reste sans effet tant qu'il n'y a pas concurrence possible entre la production mondiale et la production nationale.

On doit creuser ces idées et les retourner sur toutes leurs faces ; elles sont à l'abri de toute critique ; il faut les considérer comme des axiomes. Penser autrement sur l'effet du droit protecteur, c'est retarder indéfiniment la solution de la crise et précipiter la France agricole danŝ l'abîme de la baisse, en prenant les mauvais chemins pour venir à son aide.

II. — *Y a-t-il lieu de diminuer les surfaces consacrées à la culture du blé?*

Une première remarque à faire, c'est que nous n'avons pas cultivé, de 1892 à 1898, un nombre d'hectares supérieur au nombre d'hectares que l'on cultivait en 1882. La surface emblavée, en 1882, était de 6,900,000 hectares, et donnait un rendement moyen de 17 hect. 70 par hectare ; celle emblavée en 1898 n'est que de 6,963,711 hectares et a donné 18 hect. 40. Mais il ne faut pas du tout en conclure trop vite qu'il y a une progression rapide dans notre rendement ; il y a accroissement assez lent et avec des chutes soudaines qui en accentuent encore la lenteur. Dans la période de 7 ans, comprise entre 1892 et 1898 inclus, nous voyons, en 1893, le rendement tomber à 13 hect. 82 ; en 1897, à 13 hect. 19 ; il n'avait été, en 1891, déjà que de 13 hect. 41, etc.

Voici, d'ailleurs, la reproduction d'un tableau que je crois indispensable à l'étude de la question qui se trouve la plus épineuse à résoudre et peut-être la plus brûlante. Tout le monde, en effet, est persuadé que nous avons des accroissements de rendements considérables et toujours progressifs ; ils sont fort lents, mais je les crois sur le point de devenir continus.

Culture du blé en France de 1875 à 1899.

Années.	Superficie ensemencée.	Production.	Rendement moyen à l'hectare.	Prix moyen de l'hectolitre.
	Hectares	Hectolitres	Hectolitres	Francs
1875	6.950.000	100.634.861	14.48	19.38
1876	5.866.000	95.439.832	13.90	20.64
1877	6.979.000	100.145.651	14.35	23.42
1878	6.844.000	95.270.698	13.92	23.08
1879	6.943.080	79.355.866	11.43	21.92
1880	6.827.000	99.714.559	14.57	22.90
1881	6.960.000	96.810.356	13.91	22.28
1882	6.900.000	122.153.524	17.70	21.51
1883	6.804.000	103.753.426	15.25	19.16

Années	Superficie ensemencée.	Production.	Rendement moyen à l'hectare.	Prix moyen de l'hectolitre.
	Hectares	Hectolitres	Hectolitres	Francs
1884	7.051.000	114.230.977	16.20	17.76
1885	6.944.000	109.861.862	15.82	16.80
1886	6.958.000	107.287.082	15.42	16.94
1887	6.967.466	112.436.107	16.14	18.13
1888	6.978.134	98.740.728	14.15	18.37
1889	7.038.968	108.319.771	15.39	18.45
1890	7.061.739	116.915.880	16.55	19.05
1891	5.759.599	109.537.907	13.41	20.58
1892	6.986.628	109.537.107	15.67	17.87
1893	7.073.050	97.792.080	13.82	16.55
1894	6.991.449	122.469.207	17.52	15.21
1895	7.001.669	119.967.745	17.13	14.40
1896	6.870.352	119.742.416	17.42	14.82
1897	6.583.776	86.900.088	13.19	18.85
1898	6.963.711	128.096.149	18.40	19.90
1899	6.919.400	129.005.500	18.64	15.12

Sur ce tableau nous voyons, depuis 1894 inclus, cinq fois le produit moyen à l'hectare de 17 hectolitres et plus atteint et dépassé sur ces six années ; le mauvais produit de 1897 abaisse la moyenne à 14 hectol. 57. Sans cette année mauvaise, les six dernières années, depuis 1894, nous fourniraient une moyenne de 17 hectol. 78, avec une ascendance très accentuée en 1898 et 1899 ; cette dernière année, à elle seule, dépasse presque d'un hectolitre la moyenne. En somme, il y a progression, et dans ces dernières années la progression est forte. On remarquera que trois fois depuis dix ans le recul a été sensible ; 1891, 1893 et 1897 n'ont fourni qu'un produit de 13 hectol. 26 par hectare. J'ai entendu dire à M. Méline, que des calculs qu'il avait fait faire, il résultait pour lui que tous les quatre ou cinq ans il y avait une récolte défectueuse. Le tableau ci-dessus montre que six fois en vingt-cinq ans les moyennes ont faibli. Les données de M. Méline sont ainsi vérifiées. Toutefois, un rapide coup d'œil sur la colonne du rendement moyen à l'hectare, en descendant, nous donne tout de suite l'impression d'une augmentation. C'est la véritable impression, et tout ce que nous savons de l'habileté de nos agriculteurs nous donne la certitude que nous ne nous arrêterons pas là. Peut-être cette année 1900 avec son mauvais hiver marquera-t-elle une légère décadence. Mais il faut regarder la vérité franchement, l'accroissement est lent mais continu ; il donne des signes d'un progrès incontestable.

Ecoutez les conseils de nos avocats consultants, les économistes qui traitent cette question :

D'abord la France, quels que soient les progrès agricoles, ne peut pas affronter de longtemps le marché universel. Le ministère de l'Agriculture hongrois donne cette année, comme chiffre de la production du monde, 866,600,000 hectolitres ; il avait estimé la nôtre à 115 ou 118 millions, et nous rangeait pour 7 à 12 millions dans les pays débiteurs de blé, avec une importation de 5 millions. En réalité, nous arrivons à égaler les 130 millions qu'il attribue à notre consommation maxima. Si l'on part de cet exemple pour admettre que les évaluations du ministère hongrois sont d'un dixième au-dessous de la vérité, majorons-les de ce dixième et nous aurons le chiffre rond de 952 millions. *L'Evening Corn Trade List* dit qu il faut compter sur 886,300,000. En adoptant le plus élevé, c'est-à-dire 952 millions, chiffre construit par hypothèse, la France produit un peu plus du huitième de la production de l'univers; c'est déjà beaucoup pour elle.

Si nous ne devenons pas sérieusement exportateurs, et si aucune prime directe ou indirecte d'exportation ne peut nous faire jouer ce rôle, si le point de *saturation* approche, adoptons aussi cette vérité qu'il faut énergiquement empêcher toute surproduction du blé.

Je ne juge pas l'œuvre urgente, mais que les intéressés ne laissent pas dépasser l'heure précise de l'intervention. J'attends sur cette grave conjoncture l'effort vigoureux et soutenu de nos Sociétés de vente coopérative. Aux administrateurs ou aux chambres syndicales qui dirigeront ces Sociétés, je dis de ne pas s'endormir, de créer des moyens sûrs d'informations précises entre elles, de surveiller les statistiques, de conseiller leurs associés. Comme le dit prématurément peut-être M. Charles Simon, consultez le tableau des importations des autres céréales que le blé, depuis 1897 à 1898 (je n'ai pas le tableau de 1899), et vous verrez que la France a reçu en six ans 19,450,145 quintaux de maïs, 11,786,549 quintaux d'orge et 18,148,051 quintaux d'avoine. Vous verrez que l'avoine est la seule céréale qui a augmenté sa production en même temps que ses prix, et que nous pouvons devenir exportateurs d'orge.

Il y a donc lieu d'approfondir l'étude de la restriction possible des surfaces consacrées à la culture du blé.

III. — *Des rapports de la coopérative avec ses associés. — Les coopératives seront-elles de droit chargées de la vente. En auront-elles le monopole pour leurs associés?*

Cette question est importante; elle a été examinée par les rapporteurs spéciaux. Etudions-la *a priori*, à l'aide des principes.

Un cultivateur qui s'est associé à une Coopérative de vente, s'il se réserve la complète liberté de vendre lui-même son blé, ne risque-t-il pas de faire concurrence à sa Société? Ne la prive-t-il pas du bénéfice d'un tant pour cent, prélèvement nécessaire à son fonctionnement, ne contredit-il pas à l'objet principal de sa Société, qui est de représenter une collectivité pour fixer plus sûrement les prix? Il convient d'arrêter un peu notre pensée sur les difficultés inhérentes à une organisation de la vente en commun ou de la vente par l'intermédiaire d'un Syndicat. Le producteur éprouvera un grand malaise d'esprit à confier même à des amis, à des associés, le soin de vendre pour lui son blé. Il aura la secrète opinion que lui-même aurait pu opérer plus habilement, mettre plus d'activité, d'énergie et d'intelligence pour vendre à un bon moment et à un bon prix. Et si les prix haussent après que ses blés auront été réalisés, il en voudra à son intermédiaire. On a une propension certaine à charger plus volontiers un tiers d'acheter une marchandise que de lui donner commission de la vendre. Il n'y a peut-être là qu'une question d'habitude. Les laiteries coopératives, les associations pour la vente en commun des œufs, des fruits, des pommes de terre ont bien réussi à vaincre cette répugnance individualiste; elle sera surmontée par la réflexion et surtout par la facilité et la commodité du procédé. Dans la Hesse, les associés sont obligés, sous peine d'une astreinte convenue, de laisser vendre par la Société au moins toute la part de leur production en blé que l'Assemblée générale a fixée, et le nombre des parts sociales que possède chaque associé est proportionné à la surface qu'il cultive. Si l'on s'associe pour agir par soi-même, ce n'est pas la peine de s'associer. En choisissant un administrateur capable qui, du reste, sera toujours placé sous la surveillance d'un conseil et soutenu par les avis de l'Union provinciale ou départementale de toutes les Sociétés locales, l'agriculteur aura toutes les garanties d'une vente favorable à ses intérêts. Ce n'est pas le moment de pénétrer dans le fonctionnement détaillé de la Société. Je suppose seulement que l'associé a fait warranter son blé par l'intermédiaire de la Coopérative ; comment cette Société, qui est responsable vis-à-vis de la Caisse agricole, n'aurait-elle pas le droit de vendre directement et exclusivement ? La Coopérative est une Société commerciale ; elle sera la cliente de sa propre Caisse de crédit agricole, et, comme toute Société, elle est créée dans le but de gagner de l'argent. Pour gagner de l'argent, il lui faut faire des opérations et surtout celle pour laquelle elle a été créée : la vente du blé de ses associés.

A côté de cette vente directe des blés, la Coopérative pourra-t-elle accepter le rôle de commissionnaire ? Si le blé n'est pas entreposé dans des greniers ou silos, cette faculté de faire le simple courtage se rapprocherait en certains points de l'opération d'une vente directe, etc. Si la Société fait directement la vente, elle aura à supporter toutes les obligations du vendeur ; si elle en est l'intermédiaire, elle aura les obligations du courtier. Les règlements devront s'expliquer sur ces divers modes d'opérer. Une seule chose me paraît le fondement de la Coopérative, c'est qu'aucune vente n'échappe à la Société ; à l'instar de ce qui se pratique pour les laiteries coopératives, l'associé ne pourrait distraire de ses produits que ce qui est nécessaire pour son entretien. Il pourrait même renoncer à prélever ses semences ; sur cet article, les Sociétés de vente arriveront nécessairement à viser à l'unification des produits, comme à leur supériorité, en fournissant les semences à leurs membres.

Ici se présente une objection tirée des Syndicats d'achat. Les syndiqués restent libres de faire, par l'intermédiaire de leurs Syndicats, leurs achats d'engrais et de semences ou de les acheter eux-mêmes et même d'être affiliés à plusieurs Syndicats auxquels ils s'adressent indifféremment. L'objection se réfute par la différence même du but à atteindre. Pour organiser la vente, il faut être sûr d'avoir de la marchandise. Les Coopératives ne peuvent pas acheter cette marchandise, car elles ne peuvent se fournir que des produits à elles confiés ou réunis en commun par leurs associés. Si tous les blés sont mélangés suivant leurs qualité et sorte, la Société en est même propriétaire. Si la Coopérative a passé des marchés de fourniture, a créé des docks, des silos, disposé des appareils, des attirails de transport, si elle a organisé un personnel, elle ne peut, par essence, relever aucun associé de la nécessité de lui apporter son grain ou de le mettre à sa disposition.

Donc, il faudrait poser la question : Dans une Société coopérative de vente, l'associé peut-il conserver la faculté de vendre lui-même son blé ?

Alfred Paisant.

DEUXIÈME SECTION

MOYENS D'ASSURER DES DÉBOUCHÉS AUX ORGANISATIONS A CRÉER; QUESTIONS TECHNIQUES.

BUREAU

Président : M. Georges GRAUX, Député, Président de la Commission des Douanes.

Vice-Président : M. Henri BESNARD, ancien Député, Membre de la Société nationale d'Agriculture, Président du Comice agricole de Seine-et-Oise.

Secrétaire : M. Antoine PETIT, Professeur de chimie agricole à l'Ecole nationale d'Horticulture de Versailles.

Secrétaire adjoint : M. Rieul PAISANT, Avocat à la Cour d'appel de Paris.

RAPPORTS PRÉLIMINAIRES

Pages.

1. Le marché du blé, par M. CONVERT, Professeur d'économie rurale à l'Institut agronomique. 66

2. Des blés propres à la meunerie. — Les blés étrangers sont-ils nécessaires ? par M. Eugène REMILLY, Ingénieur-Chimiste de la Société française de Meunerie-Boulangerie 77

3. Les meuneries-boulangeries rurales, par M. J. SCHWEITZER, Ingénieur-Meunier. 80

4. De l'influence du marché des farines fleur de Paris sur le prix du blé en France, par M. J. ADRIEN, Meunier à Bièvres (Seine-et-Oise). 84

COMMUNICATIONS ANNONCÉES

1. L'organisation de magasins agricoles, par M. PAPELIER, Député, Président de la Fédération des Sociétés agricoles du nord-est de la France.

2. L'utilisation du blé pour les usages industriels, par M. J. DE LOVERDO, Ingénieur-Agronome, publiciste agricole.

3. L'utilisation du blé pour l'alimentation du bétail, par M. Antoine PETIT, Professeur de chimie agricole à l'Ecole nationale d'Horticulture de Versailles.

4. a) Des traités de la meunerie et de la boulangerie ;

    b) Des dépenses d'entretien du blé dans les magasins, par M. CHARONNAT, Directeur des Moulins de Puteaux.

5. Les appareils pour la manipulation du blé à l'Exposition universelle de 1900, par M. Léon DRU, Membre de la Société nationale d'Agriculture, Ingénieur, ancien Commissaire général de l'Exposition française de Moscou.

I

LE MARCHÉ DU BLÉ.

VENTES AU COMMERCE ET AUX GRANDES ADMINISTRATIONS

Rapport par M. CONVERT, professeur d'économie rurale à l'Institut agronomique.

———————

De tout temps l'agriculture a cherché à augmenter ses rendements, et elle ne cesse de faire de nouveaux efforts pour les accroître constamment. Mais s'il n'y a pas de limite précise aux progrès techniques, leur développement devient de plus en plus difficile. Aussi, après avoir obtenu des résultats remarquables dans la voie des améliorations culturales, tout en continuant à chercher à en réaliser de nouvelles et en y parvenant, nos cultivateurs s'aperçoivent-ils de plus en plus qu'il ne suffit pas de produire, mais qu'il faut vendre, et que la question des débouchés et des prix des denrées agricoles mérite de leur part autant d'attention que celle de leur création.

Des produits si variés de notre agriculture, il n'en est pas de plus important que le blé. C'est celui qui, par sa valeur totale, domine tous les autres; c'est celui qui, par la place qu'il occupe dans tous nos centres agricoles, intéresse le plus grand nombre de cultivateurs. Son cours, si mouvementé qu'il ait été, ne soulevait autrefois que des inquiétudes momentanées aux époques de baisse. On croyait à son élévation progressive avec le temps, en dépit de ses variations accidentelles, et cette confiance dans l'avenir soutenait nos populations rurales dans les années difficiles. Depuis 1882, la situation s'est profondément modifiée, elle ne permet plus maintenant d'entretenir d'espoirs semblables à ceux du passé. Les cours élevés ont disparu; personne ne compte plus, de longtemps au moins, sur leur retour, sauf peut-être, et dans des proportions modérées, à la suite de récoltes particulièrement mauvaises. S'il faut prendre son parti de cet état de choses, il n'importe que plus de ne perdre aucune part, si faible qu'elle soit, des prix qu'on peut obtenir. L'économie dans les ventes doit s'ajouter à l'économie des frais de culture. Or, il n'y a pas d'organisation qui ne puisse être perfectionnée; le marché des céréales ne fait certainement pas exception à cette règle. Les modifications qu'on peut apporter dans son fonctionnement sont délicates; elles demandent de la réflexion, mais elles n'imposent que plus étroitement par cela même des études approfondies.

I. — Débouchés du blé en Agriculture et en Industrie.

Le blé a ses principaux débouchés chez les cultivateurs eux-mêmes, dans l'industrie de la meunerie, et près de grands services qui ont à assurer la nourriture de nombreuses existences.

D'une manière générale, le cultivateur qui produit du blé conserve une partie de sa récolte pour suffire aux besoins de la nourriture du personnel qui vit sur son exploitation. Le pain, dans nos pays de céréales, se fabrique en principe à la ferme, avec les blés du domaine, qu'ils aient été transformés en farine sur place, comme cela se fait quelquefois, ou au moulin voisin, ce qui est plus ordinaire. Il semble, en effet, qu'il soit illogique de vendre une marchandise déterminée pour la racheter ensuite sous son état primitif ou même légèrement modifiée. Cependant, malgré les raisons qui paraissent devoir déterminer le cultivateur à consommer son blé, il faut remarquer que, depuis assez longtemps déjà, l'habitude s'introduit dans nos campagnes de livrer ses grains à l'industrie pour demander son pain ensuite au boulanger. Sans doute, ce système n'est encore que d'un usage bien restreint, mais il est incontestable qu'il gagne du terrain. C'est une application de la division du travail ; la question serait de savoir si elle est justifiée. Sans vouloir résoudre le problème qu'elle soulève, ce qui entraînerait à de très longs développements, il nous suffira de constater que sa généralisation déplacerait des débouchés très importants. La population agricole forme près de la moitié de la population totale et consomme certainement près de la moitié de la récolte annuelle ; les seuls producteurs-consommateurs de blé doivent en absorber un quart au moins. Si cette quantité passait par le marché, elle y exercerait certainement une influence marquée. Toutefois, en ce moment, d'intéressants essais sont entrepris pour rendre à la meunerie et à la boulangerie le caractère d'industries domestiques. Ils tendent à maintenir la mouture et la panification dans le nombre des travaux courants des exploitations rurales, et à l'introduire dans les établissements qui ont à nourrir un nombreux personnel. Leur réussite amènerait des résultats considérables en réagissant contre des tendances qui s'accentuent de plus en plus ; elle déterminerait un changement profond dans nos habitudes, et assurerait des relations plus directes avec le consommateur, ouvertes à l'agriculture. Mais les procédés nouveaux sont discutés ; s'ils ont leurs partisans convaincus, ils ont aussi leurs adversaires, et il faut attendre que l'expérience se soit prononcée sur leur efficacité avant d'en escompter les conséquences.

Le blé qui n'est pas consommé par la culture est livré, pour la plus grande partie, à la meunerie. Sa vente soulève des observations diverses, suivant qu'elle dérive de la grande ou de la petite culture.

La grande culture trouve toujours l'écoulement facile de ses blés au prix courant qui est assez bien connu. Sur un même marché, les acheteurs, qui ne s'entendent pas, ne varient guère dans leurs offres, pour un échantillon déterminé, de plus de 0 fr. 25 par 100 kilogrammes ; ce n'est qu'à certains moments d'indécision, de nervosité commerciale, que les écarts s'élèvent parfois à 0 fr. 50 ; il faut des circonstances tout à fait exceptionnelles pour qu'ils dépassent cette marge. Les ventes sur échantillons ne demandent donc pas grande expérience, et elles se font sans difficulté sérieuse. Que le producteur traite avec le meunier acheteur ou un de ses courtiers, son opération reste très simple et s'exécute loyalement. Peut-être, cependant, y a-t-il lieu d'avoir plus de défiance vis-à-vis des entrepreneurs, qui achètent pour leur compte personnel avec l'intention de passer leurs provisions à de grands industriels. Le plus grand nombre d'entre eux agit correctement, mais on peut craindre de quelques-uns trop d'âpreté au gain, avec des propensions en quelque sorte instinctives à réduire leurs charges par tous les moyens possibles. Il faut rester prudent dans les affaires avec les commerçants qui ne sont pas connus par leur honorabilité ; mais c'est une règle générale à toutes les transactions.

Les Syndicats peuvent intervenir utilement, en circonstances pareilles, pour éviter des incorrections possibles.

La petite culture est dans une position beaucoup plus difficile. Les quantités dont elle dispose ne permettent guère les ventes sur échantillons ; pour se débarrasser de ses marchandises, elle est, le plus souvent encore, obligée de les présenter en nature sur le marché. Là, elle trouve ordinairement des prix normaux, ceux qu'elle peut raisonnablement espérer ; mais elle ne les obtient qu'au prix de charges élevées. Il n'y a pas de halles aux grains où les vendeurs n'aient à payer des droits de place, de manutention, de pesage ou de mesurage. Tout compte fait, leur montant arrive à 0 fr. 30, 0 fr. 40, quelquefois 0 fr. 50 par sac de 100 à 125 kilogrammes. C'était relativement peu quand le blé se vendait 27 francs ; c'est beaucoup au cours de 18 francs. Et ces frais de place et de manutention, si élevés qu'ils soient, ne sont que négligeables encore à côté des frais de transport, de dépenses (où le cabaret occupe parfois une part trop large), des pertes de temps. Sans doute, le petit propriétaire se dit, pour se justifier lui-même dans son for intérieur, qu'en allant vendre son blé, il vend d'autres produits de sa ferme, qu'il fait ses achats à la ville, qu'il y règle diverses affaires, etc. Ces raisons sont vraies dans une certaine mesure, mais il ne semble pas douteux qu'elles ne servent de prétexte aussi à des abus nombreux et onéreux. Pour remédier aux inconvénients du fractionnement des ventes, il y a un moyen naturellement indiqué : c'est le groupement des marchandises, qui permettrait leur livraison en bloc, mais elle ne peut s'opérer sans difficultés ; sa réalisation exige des locaux spéciaux, une comptabilité particulière ; elle exige la confiance des intéressés. On n'évitera les allées à la ville voisine que si, en même temps qu'on prend des mesures pour écouler les produits de la ferme, on donne aux cultivateurs les moyens de trouver, sans grand dérangement, les provisions qu'ils sont dans l'habitude d'y aller chercher. Les vices mêmes du système actuel sont susceptibles de provoquer des résistances passives, celles qui sont souvent le plus difficiles à surmonter. La tâche est compliquée, elle demande du tact et de la persévérance. Son accomplissement ne paraît cependant pas au-dessus des forces des Syndicats cantonaux ou communaux, qui ont déjà résolu des problèmes aussi difficiles ; il convient de la leur recommander.

II. — LES PRODUCTEURS DE BLÉ ET LES GRANDES ADMINISTRATIONS DE L'ETAT.

La livraison du blé aux grandes administrations laisse entrevoir aux producteurs un débouché sur lequel ils ont depuis longtemps les yeux fixés, sans être arrivés encore à des résultats appréciables en pratique. Ces grandes administrations sont celles des ministères des Colonies, de la Marine et de la Guerre.

Colonies et Marine. — Le ministère des Colonies ne demande à ses fournisseurs que la farine, et il ne peut leur demander du blé parce qu'il n'a pas de moulins à sa disposition. Ses farines, emballées en caisses métalliques, à l'abri de l'air et de toutes les causes extérieures de détérioration, peuvent se conserver assez longtemps sans risque d'altération. Elles se prêtent mieux aux longs voyages que le blé et sont d'un emploi plus facile. Il n'y a donc pas, de son côté, de débouché actuel pour les agriculteurs.

Le ministère de la Marine fabrique lui-même ses farines dans les usines de ses ports militaires. Chaque année, il lui faut des quantités de blés assez importantes, et des quantités mises à sa disposition sur les points où ils doivent être manutentionnés. Pour se les procurer, il procède par adjudications, en lots assez forts, de 500 à 1,000 quintaux; elles ont lieu périodiquement, à Cherbourg, à Brest, à Rochefort, et simultanément, pour Toulon, à Toulon, Marseille, Bordeaux, Alger, Bône et Oran, de manière à provoquer une large concurrence et à inviter aux offres le plus grand nombre possible de fournisseurs. L'adjudicataire est tenu d'élire domicile dans la ville où la livraison doit avoir lieu. Ses blés doivent être déchargés ou débarqués, suivant qu'ils arrivent par terre ou par mer, sur les quais des subsistances, par ses soins et à ses frais; il a également à sa charge leur transport et leur arrimage sous les marquises situées sur ces quais.

Ces dernières dispositions s'imposent par le manque de moyens de transport de l'administration. Les lots sont relativement considérables pour des cultivateurs; le commerce les trouve plutôt faibles. Tout permet de croire que, s'il y avait lieu d'espérer des offres sérieuses des producteurs, on en obtiendrait facilement la réduction.

Les conditions des fournitures de la marine les rendent difficilement abordables à la culture. En fait, Cherbourg reçoit surtout des blés blancs du Nord; Brest, des blés blancs ou roux de la Bretagne ou du Centre; Rochefort, qui demande relativement peu, des blés de l'Ouest, et Toulon, des tuzelles d'Algérie ou de Tunisie et de Provence, avec des blés tendres. Sauf Rochefort, les points de livraison sont éloignés des centres de production, tout en étant impérieusement déterminés par les nécessités du service. Du cultivateur à l'administration, il faut donc, de toute nécessité, un intermédiaire; mais cet intermédiaire pourrait parfaitement être un Syndicat. Si quelques-unes de nos associations croyaient devoir viser ce débouché, il y aurait lieu de demander quelques modifications aux cahiers des charges, modifications compatibles avec les exigences de l'administration, dont les dispositions les plus conciliantes pour la culture ne peuvent être mises en doute. Pour le moment, il suffit de faire connaître la situation avec ses complications. S'il y avait lieu, on pourrait en reprendre l'examen.

Marchés du ministère de la Guerre. — Du côté du ministère des Colonies, il n'y a aucun débouché à espérer pour la culture; les adjudications de la Marine, sans être impossibles, sont d'un accès difficile. Le ministère de la Guerre, au contraire, autorise des prévisions plus encourageantes, d'autant plus encourageantes que l'intervention des producteurs servirait les intérêts de l'intendance elle-même, en lui donnant plus de sécurité sur la régularité de ses approvisionnements en temps de guerre. Chaque année, il lui faut, en dehors de 460,000 quintaux de foin et de semblable quantité de paille, 630,000 à 640,000 quintaux de blé, et près de 700,000 quintaux d'avoine. D'autre part, pendant que les Colonies et la Marine sont obligées de centraliser leurs marchandises sur quelques points déterminés, l'armée est disséminée sur tout le territoire et doit pouvoir, autant que possible, faire fond sur les ressources des pays où se trouvent ses effectifs.

Adjudications. — En principe et sauf de rares exceptions justifiées par des raisons particulières, l'intendance n'use, comme moyen d'approvisionnement, que des achats par adjudications. Notre législation, nos mœurs, notre souci de la publicité et de la régularité, les procédés financiers, n'autorisent que très difficilement d'autres modes d'opérer. On n'accepterait pas chez nous, comme peut-être dans d'autres pays, des méthodes qui pourraient permettre de croire à des mesures de partialité, qui ouvriraient la porte à des soupçons de quelque nature qu'ils soient. Le principe est d'opérer au grand jour.

Les conditions à remplir par les adjudicataires sont réglées par les cahiers des charges dont les dispositions générales sont très larges, et les dispositions spéciales réglées, pour chaque cas particulier, par le directeur du service de l'intendance, après enquête sur les ressources locales.

En ce qui concerne les dispositions générales :

Le froment doit être de bonne qualité, avoir de la main, être bien sec et couler facilement entre les doigts; le grain doit être légèrement bombé, bien rempli et d'une forme régulière; la pellicule, fine et lisse; la rainure peu profonde; la couleur uniforme, franche, claire et brillante.

Le blé doit être exempt de mauvaise odeur, d'avarie ou d'altération quelconque, donner sous la dent une cassure nette; écrasé dans la bouche, il doit avoir une saveur agréable et farineuse.

Il doit être homogène, c'est-à-dire non mélangé de graines, d'essences de provenance et de récoltes différentes, non plus que de graines étrangères à sa production; le seigle, l'orge, etc., qui croissent naturellement avec le blé, ne sont une cause d'exclusion que si leur proportion dépasse le pour cent fixé par le directeur de l'intendance. (La tolérance admise ne s'applique qu'à la présence naturelle de graines étrangères; tout mélange artificiel est formellement interdit et rend l'entrepreneur passible de peines déterminées.)

La mélampyre croissant de même naturellement avec le blé, seront seulement exclus les blés qui, après nettoyage opéré au moyen de certains appareils désignés, contiendront encore des graines de cette plante.

Le blé est livré dans son état naturel; il ne doit pas donner un déchet de criblage supérieur à celui fixé par le directeur de l'intendance, l'épuration étant faite avec les appareils en usage dans les magasins militaires ou choisis par l'administration.

Mesuré à la trémie conique, dont les résultats sont à peu près ceux du mesurage au coulant du sac, fait consciencieusement, le blé doit, avant nettoyage opéré ainsi qu'il est dit ci-dessus, peser au moins, par hectolitre (poids naturel), le nombre de kilogrammes déterminés par le directeur du service de l'intendance.

Le blé devant être livré au *poids naturel*, il s'ensuit que l'entrepreneur ne peut suppléer à ce poids par une bonification.

Les blés de provenance exotique sont exclus.

Sont exclus également les blés contenant des charançons.

C'est aussi au directeur du service de l'intendance qu'il appartient de fixer la proportion de graines étrangères acceptable, le déchet maximum, le poids à l'hectolitre. C'est lui aussi qui arrête telles autres clauses et conditions jugées utiles, comme l'année de la récolte, et celles que rendent nécessaires les circonstances particulières à la localité. L'importance des lots rentre évidemment dans cette dernière série de considérations. Son rôle n'est pas d'écarter les producteurs, mais, bien au contraire, de les encourager à prendre part aux adjudications, en prenant pour type les qualités qui, dans sa zone d'approvisionnement, sont réputées « loyales et marchandes ». Et ces dispositions s'expliquent facilement. L'armée a tout à gagner à tirer parti des produits les plus répandus; ce n'est qu'en cas de qualité générale trop inférieure qu'il y a lieu de prévoir pour elle, l'emploi de denrées importées d'au delà du rayon normal de son marché. Le ministre de la Guerre s'est toujours exprimé sans ambiguïté à ce sujet dans ses déclarations au Parlement, et l'intendance ne s'inspire pas d'autres considérations. Ses exigences, du reste, ne sont pas, comme on est parfois disposé à le croire dans nos campagnes, empreintes d'arbitraire; elles ne sont formulées qu'après étude attentive de la situation.

L'intendance ne se refuserait pas, nous en sommes persuadés, à examiner les observations qui pourraient lui être soumises. Mais une fois son type déterminé, les adjudicataires doivent s'y conformer, sous risque de voir refuser leurs livraisons et de supporter les conséquences de ce refus.

En cas de désaccord entre le fournisseur et le comptable réceptionnaire, le litige est soumis à une Commission d'appel dont nous croyons utile de rappeler, d'après les textes, la composition et les pouvoirs :

Cette Commission comprend un membre de la Chambre de commerce de la circonscription où est situé l'établissement réceptionnaire, *président ;*
Deux membres idoines désignés, l'un par le directeur de l'intendance, l'autre par le fournisseur.

Le membre de la Chambre de commerce, président, est désigné par le ministre de la Guerre sur une liste de trois noms, présentés par cette chambre pour la spécialité dont il s'agit.

Le membre idoine à désigner par le fournisseur ne peut être choisi que sur une liste dressée par la Chambre de commerce.

Le membre idoine à désigner par l'autorité militaire peut être choisi sur la même liste, ou bien désigné parmi le personnel compétent dont dispose l'administration de la Guerre.

La Commission d'appel est convoquée à la diligence du sous-intendant militaire. Elle a le droit, par l'intermédiaire de son président, de demander au sous-intendant le concours de toutes les personnes qu'elle jugerait utile de consulter pour éclairer son jugement.

La décision est prise à huis clos. Elle fait l'objet d'un procès-verbal dont les conclusions sont exécutoires, sauf recours immédiat du sous-intendant militaire ou du fournisseur.

Le fournisseur n'est pas admis à soumettre le litige à une commission d'appel lorsque les rejets prononcés par le réceptionnaire sont motivés par des faits purement matériels (tels que : insuffisance de poids spécifique, excès de graines étrangères, etc.).

En cas de contestations de ce genre, le fournisseur adresse une réclamation aux chefs hiérarchiques du réceptionnaire, qui statuent.

En cas de recours contre l'avis de la Commission d'appel, deux échantillons de la denrée sont placés dans des récipients scellés par le sous-intendant militaire, en présence du fournisseur. L'un de ces échantillons est conservé au magasin réceptionnaire, l'autre est adressé d'urgence au ministre, en même temps que le procès-verbal de la séance de la Commission d'appel, revêtu de l'avis du sous-intendant militaire et de l'avis du directeur de l'intendance.

Le ministre fait procéder par telle voie et de telle façon qu'il le juge convenable, à l'examen des recours. La décision qui intervient à la suite de cet examen, qui n'est pas contradictoire, est notifiée administrativement au fournisseur par le sous-intendant militaire qui en assure l'exécution.

Les dépenses occasionnées par l'appel, limitées aux indemnités de vacations, sont à la charge de l'administration de la Guerre ou du fournisseur, proportionnellement à la valeur des quantités définitivement admises ou refusées parmi celles ayant fait l'objet du litige.

Les frais résultant de l'examen fait des recours par le ministre sont intégralement à la charge de l'Etat.

En cas de non-appel de la part du fournisseur, la décision de la Commission est définitive et doit être exécutée immédiatement.

Ce règlement, qui ajoute aux garanties données antérieurement aux fournisseurs, sauvegarde tous leurs droits. Si sa marchandise est refusée, le livreur a un sursis de huit jours pour la remplacer, mais, en aucun cas, il ne lui en serait accordé un second. L'impossibilité de satisfaire, en temps voulu, à ses obligations entraîne des pénalités consistant en indemnités fixées par jour de retard, et expose aux conséquences d'un marché par défaut.

Nous avons tenu à rappeler ces dispositions, qui ne sont peut-être pas assez connues des cultivateurs, pour permettre d'apprécier les conséquences des marchés passés avec l'intendance et les responsabilités qu'elles engagent.

On est porté, dans les campagnes, à s'effrayer des formalités qu'imposent la plupart des relations avec l'État. L'administration militaire a constamment cherché à les éviter, et on peut dire que celles qu'elle a conservées sont insignifiantes. Sans doute, il faut une soumission pour pouvoir prendre part à une adjudication ; c'est une pièce indispensable, mais c'est à peu près tout. De cautionnement, aucun n'est exigé pour les marchés à livrer de suite et, dans le cas où le marché comporte plusieurs livraisons, le fournisseur peut encore se soustraire à toute charge de ce genre en acceptant de ne recevoir le prix du premier dixième de la fourniture totale qu'avec le montant de la dernière livraison. Comme frais autres que ceux qu'entraîne la remise des marchandises, il n'a que ceux de timbre et d'enregistrement du marché, ainsi que ceux des timbres des factures et autres pièces comptables.

Si bien étudiés que soient les cahiers des charges, si favorables qu'ils puissent être aux producteurs, ils ne laissent pas que de leur inspirer quelques appréhensions, et de les tenir à l'écart des adjudications. Souvent, on se fait illusion sur la valeur de ses produits, et l'éventualité d'un refus possible invite à la plus grande réserve. Le commerçant dont les marchandises ne sont pas acceptées a toujours les moyens de les remplacer ; il s'expose moins que le cultivateur, parce qu'il connaît mieux ses obligations et apprécie mieux ses marchandises, et qu'au pis aller tout se traduit, pour lui, par une perte d'argent limitée. Le cultivateur aussi tient à choisir les moments de ses ventes, qu'il combine avec ceux de ses besoins d'argent ; il est, de sa nature, lent à se décider, et il n'aime pas à traiter un marché à jour fixe.

Enfin, ce n'est pas toujours une affaire aussi simple que cela le paraît de se porter adjudicataire. De fait, les fournitures militaires sont ordinairement prises, pour ne pas dire accaparées, par une série d'entrepreneurs dont ces opérations constituent l'objet essentiel de travail ; ils ne voient pas venir sans quelque inquiétude des concurrents à côté d'eux, et, s'ils ne leur barrent pas la route, ils cherchent au moins à les détourner, et à conserver ce qu'ils finissent par considérer comme un droit à eux acquis, à l'exclusion de tous autres.

Ces difficultés sont connues. A bien chercher dans l'évolution des cahiers des charges, on trouverait des modifications qui n'ont pu être inspirées que par le désir de les éviter. Elles n'ont pas disparu cependant. Toutefois, si elles constituent des quasi-obstacles pour de simples particuliers, elles ne peuvent arrêter un Syndicat et, dans cette voie encore, les associations peuvent soutenir les intérêts économiques de leurs mandants en organisant un service spécial. Sans leur intervention, du reste, l'avantage des adjudications ne profitera jamais aux petits producteurs, si fractionnés que soient les lots proposés. Mieux que les personnes isolées, du reste, les Syndicats pourront faire connaître leurs désirs et retenir sur leurs vœux l'attention de l'administration. La tâche, cependant, n'est pas facile. C'est ce que montrent les quelques essais entrepris en ce sens.

Dans son ouvrage sur « les Syndicats agricoles et leur œuvre », qui vient de paraître tout récemment, M. le comte de Rocquigny rappelle que le Syndicat des agriculteurs de l'Indre, à Châteauroux, s'est rendu, en 1887, adjudicataire d'une fourniture de 500 quintaux de blé pour l'administration de la Guerre. Ceux de ses membres qui avaient exprimé le désir de concourir à la fourniture avaient, avant la soumission, pris l'engagement de livrer chacun une quantité déterminée de blé en se conformant aux clauses du cahier des charges. L'exécution du marché se fit, dit M. de Rocquigny, de la façon la plus satisfaisante. D'autres Syndicats, comme celui de Meaux en 1889, ont pu traiter de gré à gré pour certaines fournitures comme celle des pailles. Ces opérations sont anciennes déjà, et si elles ont été abandonnées, malgré l'activité des associations syndicales à leur début, ainsi que le zèle et le dévouement des personnes qui en avaient la direction, c'est qu'elles ont dû, malgré les apparences, rencontrer des obstacles de diverses natures. Nous croyons, pour nous, que, dans les pays de moyenne et de petite culture au moins, ce n'est pas assez d'un groupement de marchandises par engagements personnels, et qu'il faudrait un groupement effectif, dans un magasin dépendant du Syndicat. C'est une organisation qui ne peut se faire sans réflexion ni sans frais, mais qui n'est pas inabordable. On peut y arriver, on y arrivera probablement, mais on n'est pas encore prêt.

Il y a autre chose. M. de Rocquigny n'insiste pas sur les complications des combinaisons à mettre en œuvre par les Syndicats pour qu'ils puissent prendre part normalement aux adjudications de l'Etat. Selon lui, le débouché collectif, qui semblait ouvert à la production des agriculteurs syndiqués, s'est fermé surtout par suite d'un avis du Conseil d'Etat en date du 11 février 1890, qui a dénié aux Syndicats agricoles le droit de concourir aux adjudications publiques « tant que la jurisprudence ne sera pas fixée sur la nature du rôle qu'ils peuvent jouer dans la vie civile et commerciale ». Cette opinion est sévère, mais elle n'engage pas la question au fond; elle ne procède que d'un esprit de prudence excessif, et le plus difficile ne serait peut-être pas de la faire modifier. Il suffirait pour cela de l'accord, appuyé sur des démonstrations effectives des aptitudes des Syndicats, pour répondre aux besoins des grandes administrations en leur offrant toutes les garanties nécessaires.

La défiance envers les Syndicats ne nous paraît ni préconçue, ni réelle. Leurs opérations de vente ont toujours été plus délicates que leurs opérations d'achat. Ce qui se présente pour le blé ne doit pas surprendre. Et, à ce propos, il est bon de faire remarquer que les Syndicats ne peuvent pas seulement jouer le rôle de fournisseurs dans leurs marchés avec l'Etat; ils peuvent aussi jouer celui d'acheteurs. L'avis du Conseil d'Etat de 1890 n'a pas fait obstacle, que nous sachions, aux acquisitions courantes par adjudication, au fumier des régiments de cavalerie ou d'artillerie de la région, par le Syndicat de Montpellier et du Languedoc qui, il est vrai, s'appuie d'une Société à capital variable. L'achat des issues des moulins militaires pourrait tenter aussi les Syndicats des pays où le son tient une large place dans l'alimentation du bétail, et surtout les Syndicats de nourrisseurs. Ce sont là des opérations à envisager dans la question des rapports à établir avec les grandes administrations, les unes complétant les autres, et, quelquefois, les facilitant.

Achats sur échantillons. — Les cultivateurs ne se présentent pas aux adjudications militaires. Après avoir essayé sans succès de les attirer à ses marchés, le ministère de la Guerre s'est décidé à aller au-devant d'eux. C'est ainsi qu'il a organisé, en 1898, à titre d'essai, un système d'achats directs dans les places d'Epinal, de Tarbes et de Rennes.

Ces achats sont réalisés par des commissions spéciales qui se réunissent à jour déterminé, porté à la connaissance du public par l'intermédiaire des journaux et par voie d'affiches, avec mission d'examiner les échantillons de denrées qui leur sont présentés, de fixer les prix correspondants dans les limites fixées par le directeur de l'intendance. Les livraisons doivent se faire dans les quinze jours du lendemain du dépôt des échantillons; elles ne peuvent être refusées que pour non-conformité à ces échantillons.

Pour éviter toute indécision, le ministre de la Guerre demande seulement « que les denrées présentées en livraison soient de la dernière récolte, qu'elles soient de *qualité loyale et marchande*, suivant l'acception donnée à cette expression dans le commerce ». Pour le blé et l'avoine, on n'impose ni poids spécifique minimum à l'hectolitre, ni déchet maximum de criblage. Le maximum des offres pouvant être faites par un même fournisseur, dans une même séance, ne peut dépasser 1,500 francs, et il ne peut être tenu deux séances le même jour.

Si la valeur de la fourniture n'excède pas 500 francs, une facture est établie séance tenante, au moment de la livraison des denrées, par l'officier d'administration réceptionnaire; et le montant de la livraison, déduction faite du droit de timbre de 0 fr. 70, est versé immédiatement entre les mains du vendeur, sur simple acquit donné par lui au bas de la facture. Pour les fournitures représentant une valeur supérieure à 500 francs, les paiements sont effectués au moyen de bons de trésorerie.

Enfin, dans le cas où les achats directs ne réussissent pas, par un motif quelconque, le ministère de la Guerre a prévu une mise en adjudication, un jour de marché, avec des lots minima de 20 quintaux pour le foin et la paille, et de 10 quintaux seulement pour le blé et l'avoine.

Ces dispositions témoignaient des intentions manifestes de l'administration de se mettre directement en rapport avec les cultivateurs de toutes conditions, les plus modestes surtout. Eh bien! est-ce timidité à l'égard des autorités militaires? est-ce manque de confiance? est-ce absence de négociations et de discussions, poursuivies quelquefois au cabaret, et préparant la conclusion des marchés? est-ce la crainte d'avoir accepté trop vite? est-ce pour toute autre cause? Il est difficile de le savoir, mais les offres sont restées très limitées, et il n'est pas absolument sûr que, même avec les précautions prises, celles qui se sont produites ne sont pas quelquefois arrivées par des intermédiaires. Enfin, les livraisons ne se sont pas faites régulièrement. L'administration a dû renoncer aux achats de grains et elle se borne maintenant, en continuant provisoirement ses essais, à recevoir des fourrages ou, plus exactement, à en demander encore. Ce n'est peut-être pas un échec définitif, c'est sûrement un échec momentané et regrettable, dont il appartiendrait aux associations agricoles, bien placées pour faire une enquête consciencieuse auprès des populations, de rechercher les motifs vrais.

Achats à caisse ouverte. — Le ministère de la Guerre attache cependant une grande importance à l'établissement de relations directes avec les cultivateurs. Il n'y aurait pas, pour elle, de ressources plus précieuses en temps de guerre. On sait que, dans chaque département, les vivres disponibles, déduction faite de ceux qui sont nécessaires à l'alimentation de la population locale, sont évalués aussi exactement que possible par des comités dits de ravitaillement. Chaque commune aurait, le cas échéant, à fournir un contingent de denrées destinées à nourrir nos armées et nos places assiégées. La préparation d'un service aussi considérable ne saurait être laissée aux risques d'une improvisation; elle est l'objet d'études suivies, dont les méthodes se sont perfectionnées avec le temps. Mais, si complet que paraisse un travail semblable, il ne peut donner que des chiffres approximatifs, et il importait de savoir si le fonctionnement prévu ne se trouverait pas compromis, en des situations difficiles, par des événements qu'il semble impossible de déterminer. On pouvait se demander s'il ne serait pas nécessaire, aux moments critiques, de recourir aux réquisitions, qui ont l'inconvénient de jeter le trouble au milieu des populations, les pousse aux dissimulations, et peuvent provoquer des résistances regrettables. Des essais ont été jugés utiles et ils ont été entrepris en 1896, 1897 et 1899, dans quatre départements : ceux de l'Aveyron, de la Nièvre, des Basses-Pyrénées et de l'Ille-et-Vilaine. L'intendance a choisi avec intention, pour y procéder, la période la plus ingrate, celle qui précède la réalisation des récoltes ; elle a voulu éviter toute espèce de contrainte en se contentant de faire appel à la bonne volonté des cultivateurs.

Ce sont les maires qui, conformément aux instructions des préfets, ont été chargés de prévenir les habitants, en leur faisant comprendre, en même temps que le but poursuivi, l'intérêt que présentait l'expérience projetée au double point de vue de la défense nationale et de la culture.

L'administration comptait uniquement, en principe, sur les denrées fournies par les cultivateurs. Elle ne leur a demandé, comme dans ses achats par commission, que des marchandises de la récolte de l'année, de bonne et loyale qualité marchande. Les prix avaient été arrêtés par le Comité de ravitaillement, d'après les cours du moment, légèrement majorés, dans des conditions qui sortent quelque peu des circonstances habituelles, pour permettre de prélever sur les prix payés la rémunération du transport des denrées jusqu'au point de réception.

La question de livraison n'était pas sans présenter quelques complications. Si favorable qu'elle soit aux achats directs, l'intendance ne pouvait avoir un service de réception dans chaque commune. De toute nécessité elle a dû se borner à établir des circonscriptions et à prendre des livraisons sur le point le plus central. Sur ses conseils, les intéressés étaient invités à former des convois avec feuilles de route détaillées, sous la conduite d'une personne sûre et expérimentée, et à les présenter à jour et heure fixés au lieu indiqué, ordinairement en gare, pour éviter toute confusion et toute perte de temps. Le prix, immédiatement payé en espèces au chef du convoi, devait être réparti par les soins du maire entre les ayants droit. Au besoin, un membre de la Commission pouvait se rendre sur place pour fournir tous les renseignements désirables et s'entendre avec l'autorité municipale.

Ce système, dont la réussite reposait sur l'entente des habitants, a, contrairement aux précédents, abouti à un succès à peu près complet. Le concours demandé aux populations rurales n'a pas fait défaut à l'intendance ; elle a trouvé, à très peu de chose près, les quantités sur lesquelles elle croyait pouvoir compter. Les cultivateurs sont venus librement à elle, ils ont appris à apprécier ses modes d'opérer, ils ont conservé d'excellents souvenirs de l'accueil qui leur a été fait. Cela est si vrai qu'un certain nombre de Conseils généraux, mis au courant de la situation, ont insisté dans leurs vœux pour obtenir en faveur de leurs départements respectifs des mesures analogues à celles qui ont été prises pour d'autres.

Les « achats à caisse ouverte », qui ont donné des résultats pleinement encourageants, ne résolvent pas complètement le problème de l'approvisionnement direct de l'armée par la culture. Demeurés jusqu'à présent exceptionnels, ils ne sont peut-être pas susceptibles de généralisation. Ce n'est sans doute pas la formule unique à adopter, ce n'est vraisemblablement qu'une formule d'une application plus ou moins restreinte, c'est simplement une formule. Les « achats à caisse ouverte » ne remplaceront pas l'adjudication ils viendront prendre place à côté de ce mode fondamental d'approvisionnement dans une mesure qui dépendra des événements. Mais, quel que soit leur avenir, ils se sont révélés avec des caractères pratiques. Leur grand avantage, pour nous, est d'avoir dissipé des préventions, d'avoir préparé des rapports suivis entre la culture et l'armée, d'avoir en quelque sorte brisé la glace entre les producteurs et l'administration. En cette matière, comme en bien d'autres, il n'y a guère que le premier pas qui coûte : il est fait. L'expérience toutefois ne nous paraît pas absolument concluante. Pour qu'elle soit décisive, il nous semble indispensable qu'elle soit reprise en des milieux différents, à des époques diverses. Mais nous avons confiance que l'administration voudra la poursuivre, et qu'elle le fera dans le même esprit de conciliation que celui avec lequel elle a procédé. Ce n'est qu'à ces conditions que l'intendance saura exactement sur quoi elle peut compter, et qu'elle consolidera ses relations avec la culture.

La question s'achemine vers sa solution. Si nous ne nous trompons, du reste, l'intendance ne s'arrête pas dans ses projets. Elle recueille des renseignements aussi complets que possible sur les usages des marchés locaux, sur les désirs de la grande, de la moyenne et de la petite culture, sur leurs besoins aussi, enfin sur les moyens les plus pratiques à employer pour mettre l'administration en contact direct avec les cultivateurs. Au monde agricole à seconder ces bonnes dispositions.

Au point de vue purement agricole, les fournitures de l'armée ouvriront un nouveau débouché direct aux producteurs de céréales ; ils donneront surtout aux producteurs une place plus importante sur le marché, une action plus certaine sur les cours et sur leur contrôle, ce qui ne sera pas un moindre résultat.

CONCLUSIONS.

Ce n'est pas à nous d'examiner si on peut agir dans le sens du relèvement du cours du blé par des mesures spéciales, administratives ou individuelles, comme le monopole du commerce extérieur des blés, proposé au nom du parti socialiste en France et par le parti conservateur agraire en Allemagne, l'entente des cultivateurs pour maintenir les prix, le warrantage du blé après la récolte pour éviter l'encombrement du marché, l'introduction du blé dans l'alimentation du bétail, le privilège de l'approvisionnement de nos colonies, la réforme du régime des acquits-à-caution, la réforme des Bourses de commerce, les offices de renseignements, la création de Sociétés coopératives pour la vente du blé, etc. En nous renfermant dans notre sujet, que nous sommes loin d'avoir épuisé, nous avons à poser nos conclusions.

Nous l'avouerons, malgré tout notre désir d'arriver à des formules précises, nous ne croyons pas pouvoir tracer sur une simple étude de la situation actuelle, d'après des documents nécessairement incomplets malgré leur abondance, documents dont M. Georges Graux a bien voulu nous faciliter la réunion en nous aidant de ses conseils sur la question, et aussi d'après les résultats de nos observations personnelles dans les milieux agricoles et commerciaux, le plan d'une réorganisation capable de transformer du jour au lendemain la situation des producteurs dans leurs rapports avec les acheteurs.

Nous demanderons simplement au Congrès d'appuyer les vœux :

1º Que les Syndicats s'occupent de la question d'intervention dans la vente des blés à l'industrie et aux grandes administrations, et notamment de la question spéciale du groupement des produits locaux, groupement sur signatures et groupement effectif dans des greniers communs;

2º Que les unions de Syndicats inscrivent dans le programme de leurs études l'examen de la situation faite aux Syndicats par l'avis du Conseil d'Etat en date du 11 février 1890, qui leur conteste le droit de concourir aux adjudications publiques et qu'elles en poursuivent la réforme;

3º Que, constatation faite du désir commun de l'administration militaire et des cultivateurs d'entrer en relations directes et de plus en plus suivies entre eux, le ministère de la Guerre, qui ne cesse d'étudier les moyens les plus propres à donner satisfaction aux producteurs, veuille bien prescrire la continuation et l'extension, si cela est possible, de ses essais d'achats sur échantillons et à caisse ouverte.

F. CONVERT.

II

DES BLÉS PROPRES A LA MEUNERIE.
LES BLÉS ÉTRANGERS SONT - ILS NECESSAIRES ?

Par M. Eugène REMILLY, ingénieur-chimiste agricole.

Au point de vue pratique, le blé doit être examiné suivant la facilité plus ou moins grande avec laquelle il se prête au travail de la mouture, et suivant la qualité boulangère des farines qu'il fournit.

Les blés français sont remarquables parmi les meilleurs à cause de la grosseur de leur grain, de la proportion élevée d'albumen qu'ils contiennent, et d'un taux d'humidité qui favorise la séparation de l'enveloppe.

Mais les meilleurs blés propres à la meunerie sont ceux qui, à un taux déterminé de blutage, donnent les meilleures farines panifiables. — Or, c'est à la présence du gluten que la farine doit la propriété de pouvoir subir le travail de la panification; la qualité boulangère d'une farine est donc déterminée, d'une manière générale, par la proportion de gluten qu'elle renferme.

Par exemple une farine, qui ne contiendrait pas plus de 6,7 p. 100 de gluten sec donnerait une pâte courte et fournirait un pain d'un rendement inférieur en qualité et en quantité à la fois.

En outre, la valeur boulangère d'une farine dépend encore de la composition de son gluten.

Dans son travail sur la composition des matières albuminoïdes extraites du grain des céréales en 1898, M. Fleurent a démontré que le gluten est un mélange de plusieurs produits azotés, dont les deux principaux, la gliadine et la gluténine, jouissent de propriétés physiques opposées; tandis que la gliadine est pulvérulente et sèche, la gluténine est visqueuse et collante. Il a démontré, en même temps, que les propriétés du gluten dépendent des proportions de ces deux produits.

Ce n'est que lorsqu'ils sont mélangés dans le rapport de 25 de gluténine et 75 de gliadine, qu'ils constituent un gluten plastique, communiquant aux farines la propriété de donner un pain de levée régulière et de bonne tenue. Dès que ce rapport $\frac{25}{75}$ se modifie, la farine ne fournit plus que des pains mal levés et plats.

MM. A. Girard et Fleurent ont publié, dans le *Bulletin du ministère de l'Agriculture* (décembre 1899), les résultats de longues recherches sur la composition des blés tendres français. Ils ont bluté le blé à 70 p. 100, en faisant remarquer que la farine broyée pour la boulangerie, par la mouture à cylindre, n'est plus que de 62 à 64 p. 100; et que, dans ce cas, la quantité de gluten diminue de 1 à 2 p. 100.

Nous savons, du reste, qu'il augmente dans les mêmes proportions quand on emploie la mouture à meule en pierre et, mieux, la mouture à meule métallique, qui peut donner jusqu'à 75 et même 78 de farine panifiable.

Il en résulte qu'au point de vue de leur valeur boulangère, les différents blés peuvent être classés de la manière suivante :

« 1° Au premier rang, tant par la constance de leur composition que par leur richesse en gluten, viennent se placer les blés de Russie, avec une moyenne en gluten de 10 p. 100;

« 2° Au second rang et avec des qualités sensiblement égales entre elles, mais un peu inférieures déjà à celles des blés précédents, viennent les blés d'Algérie, avec 8,5 p. 100 de gluten, ceux des États-Unis, avec 7,8 p. 100 de gluten, et ceux de Roumanie, avec 7,75 p. 100 de gluten;

« 3° En troisième lieu, et toujours en décroissant, viennent les blés français des régions de l'Est et de l'Ouest, avec 7,18 p. 100; les blés des Indes, avec 6,99 de gluten humide; les blés français de la région du Sud-Ouest, avec 6,75;

« 4° En dernier lieu et en qualités égales, se rangent les blés français de la région de Paris, avec 6,26 de gluten, et de la région du Nord, avec 6,20 de gluten. »

Des conclusions analogues peuvent être tirées également des nombreuses analyses faites par M. Baland, pharmacien principal de l'armée, qui a publié des recherches très nombreuses et très remarquées sur le blé, la farine et le pain, dans la *Revue de l'Intendance militaire* en 1894 et 1896.

Aussi les blés français donnent-ils naissance à des farines dont le travail de la boulangerie et dont la composition ne permettent pas toujours d'obtenir les produits réclamés par la clientèle.

C'est ainsi que, dans l'Est et dans la vallée du Rhône, où la consommation exige un pain riche en matières azotées, une mie longue et élastique, le meunier ne peut fournir au boulanger la farine qu'il réclame qu'en additionnant nos blés français de blés durs étrangers, riches en gluten. Il va sans dire qu'il pourrait obtenir un résultat analogue en employant des blés d'Algérie et de Tunisie.

Pour obvier à cet état de choses et pour affranchir notre industrie meunière du concours de l'étranger, et employer tout le blé français pour notre consommation, il faut nous efforcer de développer davantage, et à cause surtout du faible blutage généralement en usage, la culture des blés riches en gluten.

Si nous consultons la statistique dressée de 1869 à 1895 par M. Lucas, directeur du laboratoire des Douze Marques, nous constatons que l'infériorité de nos blés au point de vue de la teneur en gluten n'a pas toujours existé, et qu'elle n'a guère commencé à se faire sentir qu'à partir de 1878.

MM. A. Girard et Fleurent croient pouvoir en attribuer une des causes à l'introduction immodérée dans la culture des variétés d'origine étrangère (comme le blé Victoria, Stand'up, Goldendrop, etc.).

En effet, d'après leurs analyses, la teneur en gluten s'est montrée notablement inférieure à celle des variétés françaises cultivées concurremment. Ainsi, par exemple, alors que le Stand'up renferme 5,15 p. 100 de gluten, le blé de Flandre en renferme 7,13.

Pour combattre un inconvénient si préjudiciable à notre agriculture nationale, il conviendrait donc de revenir aux vieilles variétés françaises en s'attachant, bien entendu, à les améliorer par sélection, et de n'adopter les variétés d'importation que lorsqu'elles présentent une supériorité marquée non seulement au point de vue du rendement à l'hectare, mais encore sous le rapport de la richesse en gluten.

Nous profitons de l'occasion pour signaler les améliorations apportées par plusieurs marchands de graines et, entre autres, par la maison Vilmorin qui, par des croisements choisis, a obtenu de bons blés, comme la variété le Dattel, obtenu du croisement du blé Prince Albert et du blé Chiddam, et qui contient 7,90 de gluten.

Parmi les blés français les plus recommandables, MM. A. Girard et Fleurent conseillent, d'après leurs analyses, pour la région du Nord, le blé de Flandre, le blé de Bergues, le blé Saint-Pol.

Pour la région de Paris, le blé de Bordeaux, le Nonette de Lauzanne, le Dattel.

Pour la région de l'Est, les blés de Vel-Der, le blé de Menton, de Serinenoy et de Louesnes.

Pour les régions de l'Ouest et du Sud, les blés de Bordeaux, le blé gris de Saint-Lanz, le blé riz, le Dattel.

D'ailleurs, il arrivera fort probablement un jour où la meunerie, à l'instar des autres industries agricoles, basera ses achats sur la richesse des matières premières en substances utiles, c'est-à-dire, dans le cas présent, en gluten.

C'est sur ce point que j'ai été chargé d'appeler l'attention du Congrès pour résoudre définitivement la question des meilleurs blés propres à la meunerie.

Eugène REMILLY.

III

LA MÉVENTE DES BLÉS. — LES CAUSES DU MAL ET LE REMÈDE.
LES MEUNERIES-BOULANGERIES RURALES.

Communication faite par M. J. SCHWEITZER, ingénieur-meunier.

Le cultivateur est obligé de vendre son blé meilleur marché qu'il ne lui coûte à produire. Voilà le fait brutal, la situation intolérable à laquelle il s'agit de mettre fin.

Autrefois, quand la récolte était déficitaire, le cultivateur vendait son blé très cher, et trouvait dans le prix élevé une certaine compensation. Si, au contraire la récolte était abondante, il en gardait une partie, attendant les cours meilleurs, qui revenaient toujours.

Aujourd'hui, qu'il y ait abondance ou disette, les cours ne varient guère, ou, s'ils varient, c'est suivant les caprices des spéculateurs plutôt que d'après l'abondance des récoltes.

Aussi le cultivateur découragé ne sait plus à quel saint ou plutôt à quel gouvernement se vouer pour lui permettre de vivre du produit de ses champs.

Nos législateurs ont cependant voté un droit d'entrée élevé sur les blés étrangers. Hélas! ce droit d'entrée ne fonctionne que très peu, par suite de tous les trafics abrités derrière l'admission temporaire.

En ce moment même, on discute à la Chambre diverses autres mesures douanières, dont les inconvénients sont tour à tour mis en lumière.

Les Sociétés d'Agriculture, sur l'inspiration de leurs membres dirigeants, cherchent dans une meilleure organisation de la vente, dans le warrantage des récoltes, dans la création de docks et d'entrepôts, dans les fournitures aux administrations publiques, un remède à l'avilissement des prix.

Hélas! dans l'état actuel du commerce des blés, tous ces palliatifs resteront vains.

Où est l'intérêt de warranter les récoltes? de payer des frais d'emmagasinement, de loyer d'argent et autres pour conserver du blé pendant cinq ou six mois, attendant la hausse, quand, sur le marché de la spéculation, on peut acheter ces mêmes blés, livrables à la même époque, au même prix, parfois moins cher?

Tous les commerçants de grains et les meuniers, qui autrefois pratiquaient ces opérations d'emmagasinement en vue de la hausse, ont été amenés à y renoncer par la force des choses, et, s'ils veulent aujourd'hui spéculer sur cette denrée, ils achètent ou vendent au marché de Paris du blé papier, qui ne coûte ni intérêts ni frais de magasinage, et ne comporte pas de risques de spéculation.

L'usage des docks et entrepôts n'est pas davantage rémunérateur dans les conditions actuelles. Il faudrait pour cela que les établissements eussent constamment à leur portée l'acheteur, qui prendrait sans frais livraison au cours du jour.

Toutes ces mesures nous paraissent donc inefficaces pour faire augmenter le prix de vente du blé. Mais si, par impossible, elles atteignaient ce but, elles risqueraient de devenir immédiatement impopulaires et dangereuses, en faisant du même coup renchérir le pain, et aucun Gouvernement ne pourrait tenir contre la poussée populaire, qui dénoncerait ces Syndicats agricoles, accapareurs d'un nouveau genre, ou ces barrières de douane, qui auraient réussi à faire élever les prix.

Lors de la dernière crise du pain, M. Méline, alors ministre de l'Agriculture, a dû lui-même céder. Mais il disait en même temps aux députés socialistes, qui venaient lui demander l'abaissement des droits, ces mémorables paroles :

« Ce n'est pas dans l'existence des droits de douane qu'il faut chercher les « causes de la cherté du pain, c'est plutôt dans les frais élevés prélevés par les « intermédiaires qui existent entre le producteur et le consommateur. »

Tout système qui aurait pour effet d'élever le prix du blé en même temps que le prix du pain doit donc être rejeté comme inefficace et dangereux.

Il appartient, au contraire, à l'agriculture de rechercher une vente plus rémunératrice du blé, sans pour cela faire augmenter le prix du pain. Le seul moyen consiste à réduire les frais élevés de toute nature prélevés par les intermédiaires, qui doublent le prix de la matière première.

Ainsi, actuellement, 100 kilogrammes de blé, vendus 19 francs par le cultivateur, produisent 100 kilogrammes de pain, que le consommateur achète à 35 francs. D'où une différence de 16 francs, à laquelle il faut ajouter 2 fr. 50 d'issues, soit 18 fr. 50 prélevés sur 100 kilogrammes de pain par les intermédiaires de toute nature, commerçants, meuniers, boulangers, etc.

Je ne viens pas dire ici que ces industriels s'enrichissent indûment *sur le dos* du producteur et du consommateur. Non, beaucoup, et particulièrement les petits, ne sont guère plus heureux que les cultivateurs, et cela tient à ce qu'ils sont trop nombreux et que leurs procédés de fabrication sont trop coûteux.

Telle est l'organisation défectueuse qu'il s'agit de remplacer en créant partout, autant que possible, sur les lieux mêmes de production et de consommation, la transformation industrielle et économique du blé en farine et en pain par les Meuneries-Boulangeries.

C'est en supprimant tous les intermédiaires inutiles, c'est en diminuant les frais actuels de mouture et de panification par l'emploi de procédés mécaniques plus économiques, c'est en centralisant cette fabrication dans des Meuneries-Boulangeries installées dans les centres de consommation, que l'on pourra résoudre ce problème, insoluble en apparence, obtenir un revenu rémunérateur du blé sans augmenter le prix du pain.

Agriculteurs, voulez-vous sortir de cette crise, qui est pour beaucoup d'entre vous une question de vie ou de mort? Eh bien, ne comptez que sur vous-mêmes. Constituez, non des Sociétés d'accaparement du blé, mais des Sociétés de Meunerie-Boulangerie rurales, qui écouleront à un prix rémunérateur votre blé transformé en pain.

Les progrès de l'industrie mécanique vous permettent aujourd'hui, avec ou sans le concours des meuniers et des boulangers locaux, de créer dans chaque ville une Société coopérative de producteurs pour l'installation d'une Meunerie-Boulangerie, véritable établissement d'utilité publique, à l'aide duquel vous vendrez votre blé sous la forme comestible de pain aux consommateurs des villes.

Et puisque, dans notre belle France, le blé croît partout, et que, dans chaque village on consomme du pain, commencez à vous réunir par groupes de commune pour faire ces petites Meuneries-Boulangeries rurales, qui vous permettront de manger à bon marché du pain de votre blé, et d'avoir à bas prix du son frais et pur de tout mélange pour votre bétail, au lieu de vendre votre blé si bon marché et d'acheter très cher des issues souvent avariées et du pain qui nourrit mal.

Les organisateurs de ce Congrès ont bien voulu me demander d'indiquer les conditions d'installation et de fonctionnement de ces Meuneries-Boulangeries agricoles. Je vais les résumer en quelques mots, me plaçant au double point de vue :

I. — Des Meuneries-Boulangeries rurales à créer dans chaque bourg, village ou groupe de village ;

II. — Des Meuneries-Boulangeries urbaines à créer dans chaque grand centre de consommation.

La forme de Sociétés coopératives communales serait des plus faciles à appliquer dans le premier cas. — Les cultivateurs syndiqués fourniraient leurs blés au cours de la mercuriale du marché voisin, et recevraient gratuitement les issues d'une valeur de 2 fr. 50 par 100 kilogrammes environ.

Le pain serait livré aux coopérateurs avec un écart de 5 centimes par kilogramme avec le prix du blé.

Cet écart étant plus que suffisant pour couvrir tous les frais, le bénéfice serait réparti en fin d'année entre les coopérateurs-consommateurs.

Le cultivateur recevrait donc sans déplacement le prix de son blé au cours du jour, avec une prime de 2 fr. 50, et jouirait de l'avantage d'obtenir à meilleur marché le pain nécessaire à son exploitation ; ce pain, produit intégral de son blé, serait meilleur certainement que celui qui lui est livré actuellement à un prix plus élevé.

Le consommateur ordinaire, ouvrier des champs, profiterait aussi du bienfait d'avoir son pain meilleur et à meilleur marché.

Bien entendu, ces bases peuvent varier suivant les circonstances.

Le prix de revient d'une installation de ce genre pour une production journalière de 500 kilogrammes de pain, par exemple, serait de 10,000 francs environ pour le matériel, et les frais de fabrication de 20 francs environ.

Ces frais seraient susceptibles de diminuer proportionnellement à l'augmentation du chiffre de la production.

Ils comprennent une somme de 6 francs pour force motrice, laquelle pourrait être réduite s'il existe, comme cela a lieu dans beaucoup de communes, une force motrice naturelle, ou lorsque l'énergie électrique pourra être un jour distribuée économiquement dans nos campagnes.

Le capital nécessaire serait avancé par les cultivateurs intéressés et amorti par une retenue d'un franc par 100 kilogrammes de pain fabriqué, retenue ajoutée aux frais de fabrication.

Le personnel comprend un ouvrier boulanger, professionnel ou non, et un aide. Il sera facile de former ce personnel dans des écoles spéciales annexées à nos Écoles d'Agriculture.

Voilà, succinctement établi, un programme de Meunerie-Boulangerie rurale.

Pour les Meuneries-Boulangeries urbaines, le problème est plus complexe, car ces établissements nécessitent de plus grands capitaux pour les dépenses d'installation et de premier établissement.

Prenons une ville de 50,000 habitants, dont nous pouvons espérer alimenter la moitié des consommateurs en leur fournissant un pain meilleur et à meilleur marché.

Il faudrait établir une Meunerie-Boulangerie pouvant fabriquer 10,000 kilogrammes de pain par jour.

Une semblable installation coûterait 200,000 francs environ et rapporterait une plus-value de 2 à 3 francs par 100 kilogrammes de blé employé aux cultivateurs syndiqués qui l'exploiteraient en commun.

Malheureusement, nous ne pouvons guère, dans l'état actuel de la culture, espérer que celle-ci pourra ou voudra prendre l'initiative de ces créations avant que des preuves nombreuses de succès de ces entreprises ne lui soient fournies.

Aussi, pour frayer la voie, pensons-nous qu'il est nécessaire d'utiliser au début, pour ces créations, le concours des capitalistes qui recherchent le placement de fonds dans les affaires industrielles. Et c'est dans ce but que se fonde, en ce moment même, le Comptoir des Meuneries-Boulangeries, auquel pourront faire appel ceux qui s'intéressent à cette question.

Quoi qu'il en soit, le jour prochain où ces Meuneries-Boulangeries urbaines seront installées dans les grands centres de consommation, on pourra leur annexer des Magasins Généraux pour le warrantage des blés de la culture. Ce jour-là seulement cette opération sera pratique, car la Meunerie-Boulangerie, acheteur permanent, sera à la portée pour prendre livraison sans frais et au cours du jour des blés warrantés.

Nous voyons, parmi les mesures soumises au Congrès, les fournitures de blé aux administrations publiques. — Pour aboutir à un résultat, il faudrait d'abord amener l'administration principale, celle de la Guerre, à constituer et entretenir des approvisionnements de blé, dont la transformation en farine et en pain exercerait en temps de paix les officiers et les troupes d'administration, au lieu du système actuel d'approvisionnement en farine et en pain, si coûteux et nécessitant un entretien si difficile.

Nous arrêtons cet exposé, qui comporte des développements que nous ne pouvons formuler ici. Mais nous croyons devoir terminer cette étude en vous proposant d'adopter les résolutions suivantes :

« Le Congrès, considérant :

« 1° Que la création de Meuneries-Boulangeries rurales dans toutes les com-
« munes de France constituerait un progrès économique considérable pour
« l'Agriculture, si les cultivateurs se syndiquaient dans ce but ;

« 2° Que la création de Sociétés de Meunerie-Boulangerie dans tous les centres
« de consommation rapprocherait le producteur du consommateur, remédierait
« aux abus de la spéculation, diminuerait les frais inutiles de toute nature qui
« grèvent actuellement le prix du pain et empêchent le cultivateur d'obtenir un
« prix rémunérateur de son blé ;

« 3° Que l'établissement de ces Meuneries-Boulangeries pourrait être accom-
« pagné de la création de Magasins Généraux annexes pour le warrantage des
« blés aux meilleures conditions ;

« 4° Que l'Agriculture, aussi bien que la Défense Nationale, auraient tout à
« gagner à ce que les approvisionnements de nos armées fussent constitués par
« des blés au lieu de farines ;

« Emet les vœux suivants :

« 1° Que le Gouvernement favorise et encourage par tous les moyens la création
« des Meuneries-Boulangeries rurales et urbaines, seule solution économique de
« la question du blé et du pain ;

« 2° Que, dans ce but, le Gouvernement fasse annexer aux Ecoles d'Agriculture
« des Meuneries-Boulangeries de démonstration pour l'étude et l'application des
« procédés de mouture et de panification adaptés aux besoins de l'agriculture.

« 3° Que les approvisionnements militaires soient, à l'avenir, constitués en
« blés, et que les cultivateurs et Syndicats agricoles soient admis à livrer leurs
« blés de bonne qualité aux prix limités, qui seront fixés par l'Administration
« d'après les mercuriales. »

J. Schweitzer.

IV

DE L'INFLUENCE DU MARCHÉ DES FARINES
FLEUR DE PARIS (ANCIENNEMENT DÉNOMMÉES FARINES 12 MARQUES)
SUR LE PRIX DU BLÉ EN FRANCE

Par M. J. ADRIEN, meunier à Bièvres (Seine-et-Oise).

Avant de montrer comment le marché susnommé fait un tort considérable aux cultivateurs français, il convient d'indiquer d'une façon générale le fonctionnement de ce marché. Onze meuniers nommés par le Syndicat du marché des farines envoient tous les mois un quintal de farine, qui est soumise à l'examen du chimiste attaché au laboratoire de la Bourse de commerce. L'analyse porte sur la quantité de gluten, le degré d'humidité et la blancheur de la farine. Les onze farines expertisées sont classées tous les mois par ordre décroissant de qualité, et toutes les farines qui sont livrées au marché doivent avoir une moyenne de qualité égale à la farine classée septième. Cette farine représente donc la qualité courante des farines-fleur de Paris.

Cette classification faite tous les mois, les onze meuniers ont le droit de livrer au marché toutes les farines qu'ils veulent sans qu'elles soient expertisées ; tous les autres meuniers qui veulent livrer doivent se soumettre à l'expertise. Voilà, *grosso modo*, le fonctionnement des livraisons au marché de Paris.

Voici, maintenant, les inconvénients multiples dudit marché, que je prétends n'être qu'une arme de baisse entre les mains de *quelques* gros meuniers et de spéculateurs.

1. — Un fabricant type veut faire la baisse, il envoie sur le marché une grande quantité de farine, il sait qu'elle sera acceptée sans expertise, il n'a donc pas besoin de connaître à l'avance le type officiel du mois. Cette farine pèsera fatale-

ment sur les cours. Un meunier qui n'est pas fabricant-type a plus de difficultés de faire une semblable opération, puisqu'il faut qu'il attende le 10 du mois pour connaître le type de la farine qui sera reçue au marché de Paris. Qui pourra, du reste, empêcher plusieurs fabricants-types de s'entendre pour faire un type convenu d'avance, et qui sera la base de la qualité du mois? De cette façon, on pourra obtenir soit un type facile qui permettra aux autres meuniers de livrer abondamment sur le marché de Paris, d'où la baisse, soit un type difficile qui permettra de raréfier les entrées de farines au marché, d'où la hausse. Le marché est donc soumis à des fluctuations de livraison qui peuvent fausser les cours, grâce à quelques-uns des opérateurs du marché.

II. — Un spéculateur possédant une certaine quantité de farine peut créer la baisse ou la hausse; exemple : j'achète une filière de 150 quintaux de farine livrable en juin; je ferai d'abord remarquer que mon vendeur a le droit de me livrer cette farine du 1er au 30 juin; de plus, j'ai acheté cette filière sans la connaître, donc il est loisible au vendeur, qui fait toujours partie du Syndicat des farines, de me donner celle qu'il lui plaira. Si, dans son intérêt, il veut la baisse, il m'offrira des vieilles farines qui pullulent sur le marché; je n'en veux pas et serai par suite forcé de revendre ces farines à mon vendeur à n'importe quel prix, pour m'en débarrasser. Si, au contraire, le vendeur veut la hausse, il me livrera de bonnes et fraîches farines dont je prendrai livraison. Ce petit exercice, répété plusieurs fois, provoque toujours soit la baisse, quand les farines ne sortent pas du stock, soit la hausse, quand elles en sortent.

III. — Le marché des farines-fleur est encore le Mont-de-Piété de la meunerie. Exemple : j'ai 1,000 quintaux de farine dans mon moulin, ce qui représente actuellement un capital de 26,000 francs environ. J'ai un besoin immédiat d'argent; je ne puis songer à livrer d'un seul coup cette quantité de marchandises à mes clients boulangers. Je vais au marché de Paris où je vends facilement cette farine, à condition qu'elle soit conforme à l'échantillon du mois, et, la livraison effectuée, je touche immédiatement l'argent dont j'ai besoin. Comme il y a bien plus de meuniers besogneux que de meuniers riches, cette farine encombre toujours le marché et provoque la baisse. Il est, du reste, bien entendu que cette farine vendue ne représente jamais le prix de revient. On m'objectera que si le prix de la farine ne correspond jamais au prix de revient, il est étonnant qu'il y ait toujours des farines au marché de Paris. A cette objection, je répondrai que la majeure partie des farines du marché est fournie par quelques gros meuniers ou spéculateurs, qui vendent ces farines sur les mois éloignés, qui sont quatre-vingt-dix-neuf fois sur cent plus chers que le courant, et qui ne livrent que si, à l'époque de la livraison, le blé a baissé. D'où il ressort clairement que tous ces livreurs ont *toujours* intérêt à la baisse du blé, puisqu'ils ne pourraient *jamais* livrer les farines qu'ils ont vendues, si le blé ne baissait pas.

Une raison de plus pour que le marché des farines soit plutôt favorable à la baisse qu'à la hausse. On ne peut pas acheter moins d'une filière de 150 quintaux de farine à la fois. Or, il y a bien peu de boulangers qui puissent prendre une telle quantité de farine, qui doit être payée avant de la sortir des Magasins généraux. Les consommateurs ordinaires ne peuvent profiter des bas cours pratiqués sur le marché des farines. Ce ne sont donc que les affiliés de la Bourse de commerce qui peuvent prendre livraison de ces farines et qui ont naturellement tout intérêt à peser sur les cours pour avoir cette marchandise au meilleur marché possible. De plus, il y a toujours une quantité de vieilles farines dont les acheteurs sérieux ne veulent à aucun prix, et ces filières de vieilles farines, dont jamais personne ne veut prendre livraison, pèsent éternellement sur les cours de la farine.

IV. — La quantité des farines du marché de Paris est bien minime relativement à la quantité de farine fabriquée en France ; pourquoi donc le marché de Paris influe-t-il tant sur les prix en France ? Le Syndicat du marché a été assez intelligent pour se créer une réclame absolument gratuite dans presque tous les journaux français, grâce aux agences, qui donnent à tous ces journaux les cours de la Bourse de commerce. Je ne puis mieux faire ressortir l'importance et l'influence de cette publicité que par l'anecdote suivante : L'an dernier, au Congrès général de la meunerie, un meunier de Toulouse s'est écrié : « Tous les jours, nous attendons avec impatience la dépêche nous donnant les cours de Paris ; c'est notre baromètre. Pourquoi ? Nous n'en savons rien ; mais, de tout temps, il en a été de même. »

V. — Pourquoi le marché au blé est-il moins défavorable aux cultivateurs que le marché aux farines ? En voici la raison : le marché au blé est ouvert à tout le monde, c'est-à-dire qu'un cultivateur ou un négociant en grains peut facilement amener du blé sur le marché de Paris, car les conditions d'admission du blé sont bien moins dures pour le blé que pour la farine. De plus, la meunerie est assurée de toujours trouver au marché au blé des blés de bonne qualité et surtout des blés sains. Le mouvement du blé est donc très important et, par suite, le marché au blé n'est pas complètement accaparé par quelques spéculateurs. Pour la farine, j'ai démontré que le marché n'était accessible qu'aux spéculateurs et à quelques gros meuniers. Les cours peuvent donc être établis par ces derniers à leur convenance, et c'est ainsi qu'en France il suffit que quelques spéculateurs s'entendent pour résister et triompher de tous les obstacles, pour coter la farine au prix qu'ils désirent. Il en résulte ce fait anormal que, presque toujours, c'est la farine qui fait le prix du blé, quand il est évident que c'est le blé qui devrait faire le prix de la farine. Or, il est prouvé que la minoterie française peut fabriquer en huit mois la farine nécessaire à la consommation de toute une année. Le prix de la farine tend donc toujours à baisser, et comme c'est la farine qui fait, à tort, les cours du blé, le blé aura toujours tendance à baisser.

CONCLUSION

Je crois avoir démontré, dans ce rapport, que le marché des farines fleur de Paris est entre les mains de quelques spéculateurs qui font monter ou baisser les cours à leur convenance : ce marché est nuisible à l'agriculture française ; je demande donc que ce marché aux farines soit supprimé ou, subsidiairement, que le Parlement adopte les conclusions du rapport de M. Dron, député du Nord, rapport déposé à la fin de la dernière législature. Ce rapport réglementait le marché de Paris en mettant un impôt sur toutes les affaires qui se soldaient par une simple différence. C'était la mort des marchés **fictifs**, et, par conséquent, la suppression forcée du marché aux farines, but à atteindre le plus rapidement possible.

J. ADRIEN.

TROISIÈME SECTION

ÉTUDE DES ORGANISATIONS DÉJA EXISTANTES A L'ÉTRANGER
QUESTIONS DOUANIÈRES ET INTERNATIONALES

BUREAU

Président : M. Paul CAUWÈS, Professeur à la Faculté de droit de l'Université de Paris, Présiden tde la Société d'économie politique nationale.

Vice-Président : M. le Dr ROESICKE, Député au Reichstag, Président de la Ligue agraire ; M. le Dr SCHEIMPFLUG, Conseiller de Direction, Délégué du ministère de l'Agriculture autrichien au Congrès ; M. Edmond THÉRY, Directeur de *l'Economiste Européen*, Secrétaire général de la Ligue bimétallique française.

Secrétaires : M. J. DE LOVERDO, Ingénieur-Agronome, Publiciste agricole ; M. l'abbé G. WAMPACH, Docteur en droit de l'Université de Paris, Professeur d'économie politique à l'Université de Fribourg (Suisse).

RAPPORTS PRÉLIMINAIRES

Pages.

1. ALLEMAGNE. — Des silos à blés en Allemagne, par M. le Dr ROESICKE, Député au Reichstag, Président de la Ligue agraire.   88

2. ÉTATS-UNIS D'AMÉRIQUE. — L'organisation de la vente des blés dans l'Amérique septentrionale, par M. le Dr Gustave RUHLAND, Professeur ordinaire à l'Université de Fribourg (Suisse).   97

3. LUXEMBOURG. — La vente des produits agricoles au grand-duché de Luxembourg, par M. l'abbé WAMPACH, Docteur en droit de l'Université de Paris, Professeur d'économie politique à l'Université de Fribourg (Suisse).   102

4. Le point d'exportation des blés français, par M. BOURGAREL, Rédacteur à *l'Economiste européen*   105

5. De certaines modifications des lois de douane en vue de la hausse des prix du blé, par M. Ch. GUERNIER, Professeur agrégé à la Faculté de droit de l'Université de Lille.   110

6. L'Office central de Fribourg pour l'observation du prix des céréales (Communication du Bureau de l'Office)   117

COMMUNICATIONS ANNONCÈES

1. ALLEMAGNE. — Les *Kornhæuser* au point de vue technique, par M. Friedrich CORRELL, Ingénieur, à Neustadt sur la Haardt.

2. ÉTATS-UNIS D'AMÉRIQUE. — Etudes sur les *elevators* américains, par M. NIEDERLEIN, Chef de la Section commerciale du Musée de Philadelphie.

1

DES SILOS A BLÉS EN ALLEMAGNE

Par le Dr ROESICKE, Député au Reichstag, Président de l'Union des Agriculteurs.

L'idée d'influencer le prix des blés par des entrepôts a surgi à maintes reprises en Allemagne. Frédéric le Grand avait introduit, au moyen de ses silos, un prix de blé qui correspondait aux intérêts des grands et petits propriétaires, des bourgeois et des ouvriers des villes. Mais les mesures du roi furent oubliées sous l'empire de la liberté du commerce, et l'Etat ne s'occupa plus du commerce des blés. Lors du renchérissement des prix en 1816, ainsi que de leur forte baisse en 1820, l'idée d'établir des silos à blés surgit à nouveau, mais sans amener de résultat. Vers la fin de la période décennale de 1840, et au commencement de celle de 1850, la fixation du prix des blés se compliqua gravement, et la question de l'établissement d'entrepôts fut, encore une fois, mise à l'ordre du jour. Un Syndicat *silosien* fut fondé à Erfurt, et le corps des métiers de Mannsfeld établit un silo souterrain, afin d'avoir une provision de blés pour ses besoins en cas de cherté. Mais, cette fois encore, les essais en restèrent là. Par suite des bas prix permanents et des frais de production toujours croissants des blés vers le commencement de la période décennale de 1880, ainsi qu'à la suite du rejet de la proposition du comte Kanitz, la question des silos ne fut plus rayée des tractandas des corporations et associations agricoles. MM. de Grass, à Klanin, et de Vruebel-Doeberitz, directeur défunt des Syndicats fédérés de la Poméranie, ont le mérite d'avoir favorisé les premiers la solution de la question des silos.

A l'époque où les agriculteurs allemands passèrent sérieusement de la théorie à la pratique, ils durent se convaincre qu'ils avaient besoin de l'appui de l'Etat pour mener à bonne fin la question des silos. L'intervention de l'Etat se justifia par le fait qu'à la suite des traités de commerce conclus par lui, il avait été porté préjudice à l'agriculture au profit d'autres classes sociales. Par l'établissement des silos, l'Empire et les Etats confédérés pouvaient, en outre, en cas de guerre, se passer de l'importation de blés étrangers.

Sous ces auspices, vingt-neuf silos agricoles ont été établis jusqu'à ce jour en Prusse. Vingt-quatre d'entre eux sont en exploitation, deux seront ouverts prochainement, deux sont en construction. Quant au dernier, on élabore les plans et devis.

L'Etat fournit l'argent pour les constructions dans les conditions suivantes : le silo est construit et aménagé ou par l'Etat lui-même, ou par le Syndicat; dans ce dernier cas, l'Etat doit approuver les plans et surveiller la construction. Le silo devient la propriété de l'Etat, sur le fonds duquel il est bâti.

Un prêt peut, néanmoins, aussi être accordé à une association qui construit un silo sur un terrain n'appartenant pas à l'Etat, moyennant garantie hypothécaire, amortissement du capital et paiement de l'intérêt.

Dans le premier cas, l'entrepôt est loué par l'Etat à l'Association. Le contrat est conclu à long terme, la première fois pour cinq ans. La location annuelle, pour ce temps, est de 2 1/2 p. 100 du capital employé, plus la bonification éventuelle pour l'emplacement. Celle-ci a lieu si l'Etat a subi une perte financière par suite de l'abandon de l'emplacement. Les bâtiments, le mobilier, les machines et installations doivent être assurés contre l'incendie, convenablement entretenus et rendus en bon état lors de la résiliation du contrat. L'Etat prend à sa charge les adjonctions, dépendances, etc., moyennant bonification de leur valeur; dans le cas contraire, l'Association a le droit de les enlever et le devoir de rétablir l'état de choses précédent. L'Etat devient propriétaire des objets acquis pour compléter le mobilier, améliorer ou perfectionner les machines sans droit de compensation pour le Syndicat. Celui-ci supporte toutes les charges et contributions grevant le terrain et le bâtiment, ainsi que les impôts fonciers de commune.

L'Etat peut, de même, puiser l'argent dans le fonds des 5 millions pour les adjonctions et rénovations importantes aux bâtiments et machines pendant les cinq années d'essai. Les conditions d'intérêt sont les mêmes que pour le capital primitif de construction.

A la demande des intéressés, une à trois années franches au plus peuvent être accordées. Des sursis de paiement pour la location sont accordés pendant les années franches, moyennant bonification d'un intérêt de 3 p. 100 et d'un amortissement d'au moins 1 p. 100. Ces montants deviennent intégralement exigibles lors de la résiliation du contrat.

En Prusse, outre les silos construits par l'Etat, deux autres ont été établis au moyen de ressources privées. L'entrepôt de Dortmund, dans la province de Westphalie, a été mis en exploitation en décembre 1899; ladite ville a procuré le capital de construction. L'Association de Beetzendorf (vieille Marche) a construit, au moyen de ses propres ressources, un petit silo pouvant contenir 14,000 quintaux de blé.

Dans la principauté de Waldeck, il a été construit par l'Etat un entrepôt, qui a commencé ses opérations en automne 1899.

Dans le royaume de Bavière, qui fait, après la Prusse, les sacrifices les plus considérables dans ce domaine, les Caisses et Sociétés de prêts faisant le commerce des blés, subsidiées par l'Etat, ont construit de petits silos. D'après la statistique de la fédération des Syndicats agricoles allemands, il existait, en 1898, trente-quatre entrepôts de ce genre; leur nombre s'est accru à quarante-neuf. Leur mouvement d'affaires pour 1898 est, selon la statistique de l'union nationale bavaroise, le suivant :

	Achat :	Vente :
Froment.	32,730 quintaux.	21,411 quintaux.
Seigle.	19,638 »	17,775 »
Orge.	52,856 »	49,722 »
Avoine.	82,014 »	76,116 »

Il y a lieu de faire observer immédiatement que l'on se plaint de nouveau que quelques entrepôts de la Bavière ne sont pas suffisamment utilisés et que les frais sont, par conséquent, trop considérables.

Dans le royaume de Wurtemberg, le Syndicat pour la vente des blés de Kupferzell a établi un silo au moyen de ses propres ressources. Pendant le dernier exercice, il a été débité : 6,100 quintaux d'orge, 3,800 quintaux d'épeautre, 2,700 quintaux de froment, 5,800 quintaux d'avoine, 50 quintaux de seigle et 900 quintaux de colza.

A Worms, dans le grand-duché de Hesse, il existe déjà depuis longtemps un silo aux blés.

Nous avons déjà mentionné plus haut la baisse insupportable du prix des blés comme cause extérieure de la construction de greniers publics. Parmi les autres causes, il faut surtout citer le développement moderne du commerce des blés et la spéculation. On reconnut que les achats en gros se faisaient au détriment des agriculteurs et que la fixation du prix avait lieu sans leur concours. Ce résultat fut amené non seulement par les spéculateurs de la Bourse et par le grand commerce international, mais, en dehors de l'influence de ces deux facteurs, aussi par le commerce local. Les agriculteurs étaient, en outre, dépendants des marchands créanciers. Ils avaient perdu leur liberté d'action et devaient vendre les marchandises au prix dicté par le commerce, et payer pour leurs besoins économiques ce que le marchand demandait.

Afin d'améliorer cette situation, il fut décidé d'organiser des Syndicats. A cet effet, de nombreuses associations furent fondées dont les membres vendaient leur blé en commun, en achetant en échange divers articles pour leurs besoins économiques.

La nécessité s'imposa dès lors de construire des silos à blés, donnant la possibilité de débiter une marchandise proportionnée aux besoins du consommateur, assurant une meilleure conservation et une manipulation plus facile du blé que dans le grenier de l'agriculteur, et diminuant les pertes inévitables résultant d'un dépôt prolongé de la marchandise, par l'emploi de la machine et la suppression de la main-d'œuvre.

Il était très important pour les petits agriculteurs d'obtenir, par la vente en commun, les mêmes prix que le grand propriétaire peut plus facilement réaliser en vendant son blé par wagon. Les frais de transport, de mélange, d'emmagasinage, etc., sont considérablement diminués par suite de la mise en exploitation des silos. En tous cas, le petit agriculteur bénéficia de cette différence en augmentation du prix.

L'organisation des Syndicats a, de plus, facilité l'affranchissement des intéressés du joug des marchands.

Par l'établissement des silos, il est entré un nouveau facteur dans le commerce des blés, sauvegardant non seulement les intérêts du marchand, mais aussi du producteur.

L'entrepôt devenait, pour les membres du Syndicat et les autres personnes, un lieu d'orientation où ils obtenaient des renseignements sûrs sur l'état du marché. Il mettait, en outre, les agriculteurs à l'abri de tout traitement inégal, en les protégeant contre les pertes.

La provision d'une grande quantité de blé d'égale qualité rendit la concurrence avec les pays étrangers plus facile. Le jeu de bourse pour affaires commerciales ayant été défendu, la tendance d'importer de grandes quantités de blés étrangers avait baissé. Le commerce des produits indigènes devint florissant, et les Syndicats *silosiens* se trouvèrent dans la possibilité de débiter leurs marchandises sans avoir recours à des agents intermédiaires.

En principe, tous les Syndicats poursuivirent le même grand but : remise du commerce des blés entre les mains de l'agriculteur, facilité du débit et participation à la fixation du prix. Mais, dans l'organisation, il fallait distinguer entre les associations ne cherchant que des liaisons plus intimes entre le consommateur et l'agriculteur et celles qui devaient, en outre, s'occuper de l'exportation.

Les premières avaient à accomplir leur tâche dans les contrées populeuses, comme dans la province rhénane, en Westphalie, en Thuringe, dans le royaume de Saxe. Leur blé devait être directement débité à destination des moulins, maisons de dépôt et drècheries du voisinage. Elles n'avaient pas à s'occuper de l'exportation ; leur activité consistait dans l'identification de la consommation avec l'association.

Les mesures uniformes faisant règle pour les foires et marchés ont surtout produit une heureuse influence. L'agriculteur se rend habituellement sur le marché pour y faire ses achats ; il convenait donc de tenir compte de ses habitudes spéciales et de ses procédés.

Dans ces circonstances, les associations durent s'enquérir des offres, car les prix souffraient sous l'influence d'offres déplacées ou isolées.

Il incombait aux Syndicats chargés de l'exportation de prendre les mesures à ce nécessaires ; en même temps, ils avaient à faire face aux besoins locaux. Dans les provinces qui avaient un excédent de production, tout le blé à exporter devait être transporté dans un dépôt unique, une station centrale. Si chaque association avait procédé séparément, les offres faites auraient facilement pu être inégales. L'organisation syndicale dut remédier à cet inconvénient. C'est ainsi qu'en Poméranie tout commerce d'exportation a été confié à l'association agricole principale. Elle a réussi à exporter des quantités considérables de blé, surtout de l'avoine, pour l'Angleterre. L'exportation pour la contrée rhénane, de l'Elbe supérieure et de la Saale, se pratiqua pareillement sur une vaste échelle.

Les communications sur les expériences faites en ce qui concerne l'exploitation des silos sont encore très incomplètes, vu l'établissement récent de ces dépôts. La statistique ne dispose que de quelques données sûres. Des renseignements détaillés nous sont fournis sur les silos et la vente du blé dans la province de Saxe. Nous les devons à la conférence remarquable que M. le Dr Rabe, de Halle-sur-Saale, secrétaire général, a donnée au quinzième congrès de la fédération des Syndicats agricoles allemands, tenu à Breslau en septembre 1899. Nous en relevons les données suivantes :

L'entrepôt de blé de Halle-sur-Saale a été achevé l'année 1897 et se trouve en exploitation depuis deux ans. Il se compose d'un grand entrepôt de 40 mètres de longueur sur 20 mètres de largeur, ainsi que de cinq greniers les uns au-dessus des autres ; il est garni de toutes les machines modernes. A côté de ce bâtiment on a construit un système de silos, comprenant huit tours. Par chaque groupe de quatre tours se trouve un élévateur. Une communication est établie entre le silo et les greniers, de manière à faciliter le transport du blé du grenier dans le silo et *vice versa*. Le grenier peut contenir 80,000 quintaux, et les silos 40,000 quintaux, de manière que 120,000 quintaux peuvent être logés simultanément dans l'entrepôt. Les frais de construction s'élèvent en tout à 340,000 marks.

L'entrepôt de Nordhausen, pouvant contenir 1.800 tonnes, a été construit moyennant une dépense de 160,000 marks. Il diffère de celui de Halle par le fait que les silos ne sont pas formés par des tours à côté du grenier, mais constituent un système spécial dans son intérieur.

L'entrepôt d'Erfurt a une contenance de 600 tonnes, égales à 12,000 quintaux environ. Les frais de construction et d'aménagement se sont élevés à 40,000 marks. C'est avec grand avantage qu'ici une force d'eau disponible a été exploitée pour mouvoir les machines et produire la lumière électrique. En outre du grenier de Betzendorf (Altmark), cité ci-devant, un Syndicat pour la vente de l'avoine avec un petit entrepôt sera établi pour Eichsfeld, et certains Syndicats ont déjà commencé à louer des entrepôts pour la vente des blés, annexes au grenier de Halle.

En organisant la vente du blé dans la province de Saxe, on est parti du principe ci-devant énoncé et consistant à se conformer rigoureusement aux conditions données. Les aménagements sont en rapport avec la quantité de blé cultivé dans la contrée, la situation des débouchés, la plus ou moins grande étendue de la propriété foncière.

En ce qui concerne les Syndicats pour la vente des blés en Saxe, ils sont basés sur la responsabilité limitée de leurs membres. Pour chaque 10 hectares de champs, une part de fonds entraînant une responsabilité jusqu'à 100 marks doit être acquise. La part est de 5 francs.

Aucun membre n'est obligé de livrer son blé à l'entrepôt. Un membre ayant livré auparavant son blé à un commerçant solide ou à un moulin dans le voisinage, est libre de continuer ses relations.

Pour ce qui concerne les affaires du Syndicat de l'entrepôt de Halle, celui-ci ou bien achète le blé au comptant au prix du jour respectif, ou bien le vend par commission. En troisième lieu, il nettoie les blés et les emmagasine ; en quatrième lieu, il se charge du lombard (1) du blé, et, cinquièmement, de l'achat de fourrages pour le Syndicat.

Dès sa fondation, le Syndicat comptait soixante membres. A la fin de la première année de son existence, ce nombre s'était élevé à 261 membres avec 3,671 parts et une responsabilité de 367,000 marks. En mai 1899, le nombre des membres était de 397 avec 4,906 parts, représentant une responsabilité de 490,600 marks.

Le débit qui, la première année, s'élevait à 136,000 quintaux, représentant une valeur de 1,225,000 marks, s'est accru l'année passée de 100 p. 100, c'est-à-dire à 280,000 quintaux, d'une valeur totale de 2,226,000 marks.

Pour combien les différentes espèces de graines ou de récoltes ont participé à ce débit, cela résulte des chiffres suivants :

	I. — Année d'exploitation 1897-1898.		II. — Année d'exploitation 1898-1899.	
Blé.	65.696 84	quintaux.	98.532 37	quintaux.
Seigle.	29.574 55	»	56.328 73	»
Orge.	18.391 16	»	73.440 10	»
Légumes à cosse.	5.076 33	»	4.875 65	»
Avoine.	3.840 25	»	6.619 21	»
Fourrages.	13.869 89	»	34.444 20 1/2	»
Plantes à huile.	264 00	»	6.277 01	»
			280.514 27 1/2	»

d'une valeur de 2,226,174 marks 21.

L'augmentation des membres ainsi que du débit dans ces deux années nous fournit la preuve que l'entrepôt de Halle a droit à l'existence, et que les membres ont trouvé leur compte en lui vendant leurs produits.

---

(1) *Lombardirung*, en allemand ; lisez : avances sur le blé.

Le petit agriculteur vend son blé absolument au même prix que le grand propriétaire. Pour celui-ci, l'entrepôt présente en outre l'avantage de le mettre en état de profiter bien plus de la machine à battre à vapeur, sans qu'il se voit forcé de vendre en vue de l'insuffisance de ses greniers. Aussi les grands propriétaires ont profité largement de l'entrepôt des blés.

Tous les membres de l'entrepôt sont persuadés que son existence et son activité ont à elles seules contribué à faciliter le débit purement local autour de Halle, et que le grenier, en tout cas, a réagi sur les prix en les soutenant, souvent en les haussant. Cette influence favorable du grenier a profité non seulement aux membres, mais à tous les agriculteurs cultivant du blé autour de Halle.

Moyennant les dispositions, machines et forces existantes, l'entrepôt peut débiter aux frais notés actuellement six fois sa contenance. L'année dernière, il n'a débité que 280 quintaux, c'est pourquoi les frais par quintal étaient encore relativement élevés. Ils seront réduits à mesure que le débit augmentera et tout le résultat y gagnera.

Jusqu'à présent, le Syndicat de Halle ne s'est occupé que de la vente de fourrages; toutefois, les directeurs estiment avantageux et nécessaire de se charger aussi de la vente d'engrais. Les raisons en sont les suivantes : ils disent que les petites gens sont habituées à voir l'acheteur de graines fournir en même temps des fourrages et des engrais; qu'en portant leur blé à l'entrepôt, ils aiment à se procurer, en compensation, des articles pour leur exploitation ; que le Syndicat d'entrepôts devait habilement s'accommoder aux particularités de la contrée respective, afin de rendre sympathique l'institution à l'agriculteur; que, par le commerce simultané d'articles pour l'exploitation agricole, on tirait un meilleur profit du personnel ainsi que des localités; que, par la réduction des frais, on tirait meilleur parti du blé; qu'il était avantageux, pour le débit du blé, que les Syndicats achètent du son des moulins; que, si le meunier avait un acheteur sûr pour ses déchets, il serait un client constant de l'entrepôt; enfin, qu'il fallait absolument éviter de fonder, dans une seule et même localité, un trop grand nombre de Syndicats les uns à côté des autres, car il en résulterait un défaut de personnes capables de remplir avantageusement toutes ces fonctions ; que déjà, maintenant, on constate un manque de personnes capables de diriger.

En général, le débit s'est formé d'une manière favorable, les consommateurs ont témoigné de la confiance à l'entrepôt. Le commerce, aussi bien que les intendances d'approvisionnement, ont un intérêt à acheter de grandes parties de blé nettoyé et égal, et c'est précisément le Syndicat qui est en état de satisfaire à ces exigences. C'est ainsi que, dans la province et à l'étranger, des moulins et des commerçants en gros sont devenus ses clients réguliers. Des relations avec les intendances d'approvisionnement doivent être entamées et soignées le plus possible.

Le Syndicat de l'entrepôt règle ses questions d'argent non pas directement avec la caisse centrale des Syndicats prussiens, mais avec la banque des Syndicats à Halle; cette banque n'a pas de caisse à elle seule, mais ce qu'on appelle une caisse de comptes. Elle fait ses paiements au moyen de chèques sur la banque des Syndicats; celle-ci reçoit tout l'argent rentrant. Les bâtiments n'étant pas éloignés l'un de l'autre, il n'en résulte aucune difficulté pour les relations.

C'est aussi la banque des Syndicats qui prête les sommes nécessaires au lombard du blé, et pour cela elle a ouvert à l'entrepôt un crédit en rapport avec sa responsabilité.

Il n'a point été admis de « lombard » par la caisse centrale des Syndicats prussiens, à cause que l'on estimait ses conditions trop circonstanciées et trop étendues, et que le taux en était trop haut. La première année, l'on n'a pas fait grand usage du lombard ; l'année dernière, on en a usé un peu plus souvent. Environ 30 membres se sont fait ouvrir un crédit de 90,000 marks auprès de l'entrepôt, pour un temps restreint, en y engageant leur blé.

L'organisation la plus étendue de la vente des blés se trouve dans la province de Poméranie. Par les moyens de l'Etat on y a construit 13 greniers, dont en 1899 dix déjà fonctionnaient. Ces greniers sont en relation avec les Syndicats d'achat et de vente. Il y a des entrepôts de blés de toutes les dimensions : de 4,000, 3,000, 2,000, 1,500 et 800 tonnes de contenance. Les entrepôts de plus de 2,000 tonnes ont été construits à 50 marks environ de coût par tonne ; les plus petits, en descendant jusqu'à 1,500 tonnes, reviennent à 60 et 70 marks environ, et les prix des plus petits de 800 tonnes varient entre 90 et 97 marks.

Dans le trafic local, les Syndicats de débit ont servi à maintenir considérablement les prix. Tandis que, jusqu'à présent, l'on payait dans la province le prix de Stettin, en en déduisant les frais de transport du lieu de culture jusqu'à Stettin, ces conditions ont bien changé. Quelques provinces ont noté des prix qui dépassaient considérablement celui de Stettin. Il n'est, par exemple, plus question d'une différence de prix de 10 marks entre Ven Stettin et Stettin, comme nous la rencontrions autrefois.

Pour éviter une concurrence simultanée des entrepôts, la province est divisée en districts déterminés, qui ont été adjugés aux greniers respectifs. Dans son district, chaque Syndicat peut faire des affaires d'une manière indépendante. Mais le blé qu'il ne peut placer est à la disposition du Syndicat principal de Poméranie, qui a, dans ses mains, tout le commerce du blé, comme cela a été dit plus haut. Cette centralisation est très avantageuse pour la formation des prix locaux, et surtout pour l'exportation. En effet, il a été constaté une exportation assez importante de la province, et on a atteint des prix dépassant de 3 à 4 marks (1) tous ceux payés auparavant sur le marché de Stettin. En général, les agriculteurs ont été satisfaits des transactions.

Dans les entrepôts de la Poméranie, les affaires se font de la manière suivante : ou bien le blé fourni est acheté ferme ou accepté à l'usage du Syndicat. Dans le premier cas, le blé est payé au comptant aux prix du jour ; mais aussi il est immédiatement revendu, pour éviter tout risque de spéculation. Dans le second cas, le fournisseur reçoit les 3/4 du prix du jour en acompte ; le solde reste jusqu'à ce qu'on boucle définitivement les comptes à la fin de l'année.

L'argent du lombard des blés est prélevé en partie sur les caisses d'épargne d'arrondissement, en partie sur la caisse centrale des Syndicats prussiens.

Une partie des greniers a reçu des quantités importantes de blé, ce qui lui a permis de travailler avec avantage ; l'autre partie a été moins favorisée et, en conséquence, les frais, par quintal de grain, ont été considérables. Mais, en général, on a confiance dans l'avenir, pensant que, comparé à ce qui se passait autrefois, on a cependant réalisé une amélioration importante.

Il est encore remarquable que, dans un arrondissement où il n'y avait pas d'entrepôt, les propriétaires les plus importants se sont réunis et ont formé un Syndicat de mouture. Le Syndicat s'est acquis des moulins qui sont mus par l'eau et

(1) Par tonne.

auxquels les membres livrent maintenant leur blé ; la farine produite est vendue. Le Syndicat a travaillé dans des conditions très avantageuses. Le blé a été vendu à un prix de 3 marks supérieur au prix le plus élevé de Stettin. Les fonds versés ont obtenu un intérêt de 6 p. 100 et, à part cela, il a été distribué un dividende de 20 p. 100.

Les Syndicats des entrepôts allemands ont été créés presque tous par trois unions de Syndicats ; il n'y en a que fort peu qui se soient formés sans la coopération de celles-ci. Ces unions sont : 1° L'Union générale des Syndicats d'agriculture allemands, à Offenbach ; 2° L'Union générale des Sociétés agricoles pour l'Allemagne, à Neuwied ; 3° L'Union de revision du *Bund der Landwirte*, à Berlin.

Les Syndicats des entrepôts allemands partageaient le désir d'entrer en relation les uns avec les autres, d'échanger les expériences faites et de continuer leur travail en commun. Dans ce but, les représentants des différents Syndicats se sont réunis pour former la Commission allemande des entrepôts. Cette dernière a pour tâche d'élaborer les plans et propositions pour une action commune et de guider tous les efforts tendant à l'amélioration des prix des blés. Sont membres de cette Commission :

Le Conseiller titulaire d'Etat privé, Haas-Offenbach, président ;

Le Directeur de l'Union, Rexcrodt-Cassel, vice-président ;

Le Président du *Bund der Landwirte*, Dr. Roesicke-Goerdsorf ;

L'Œkonomicrat, Birshoff, Munich ;

Le Directeur d'Union de Brockhausen-Stettin ;

Le Landes-Œkonomicrat de Mendel-Steinfels-Halle-sur-Saale ;

Le Directeur d'Union Heller-Dantzic ;

Le Directeur d'Union Klattenhof-Erfurt ;

Le Maire Dutt-Kupferzell ;

Le Directeur de Syndicat de Koeppen-Soest.

A la quinzième assemblée de l'Union générale de Syndicats agricoles à Breslau, il fut pris une résolution qui traduit les opinions actuelles des personnes travaillant à l'organisation de la vente des blés. Puisqu'elle résume l'état actuel de la question des entrepôts pour les blés, nous allons en donner connaissance :

1. La vente des blés par les Syndicats, et en construisant des entrepôts, paraît désirable en vue d'atteindre un débit sain et une formation saine des prix des blés.

2. La construction des entrepôts de blés, ainsi que l'organisation et l'exploitation des Syndicats, doit se conformer strictement aux conditions de l'arrondissement respectif.

3. Une union des entrepôts de blés, tant à l'intérieur de chaque arrondissement d'union que de toutes les unions entre elles, doit être considérée comme étant nécessaire en vue des droits et devoirs que ces organisations se proposent.

4. Dans les conditions se prêtant à cette combinaison, il y a lieu de réunir à la vente des blés par les Syndicats, la vente et l'achat d'objets nécessaires à l'agriculture.

5. L'engagement du blé, sous forme de prêt lombard, doit être facilité autant que possible dans les Syndicats pour les entrepôts.

6. La construction générale des entrepôts étant aussi dans l'intérêt de l'Etat, il paraît équitable que ce dernier fournisse une subvention pour la construction de nouveaux entrepôts, cela sous la forme de prêts portant intérêt et devant être amortis.

En examinant la gestion des affaires des différents Syndicats d'entrepôt de blés, quant à leur utilité, certaines mesures doivent nous paraître dangereuses ; parmi celles-ci, nous comptons : l'achat ferme aux prix du jour, le défaut d'obligation pour les membres de fournir leur blé au Syndicat, et le commerce d'engrais dans le domaine des affaires du Syndicat.

L'achat aux prix du jour expose les Syndicats à tomber à la merci de la spéculation. Lorsque les prix baissent rapidement, il en résulte naturellement des pertes pour une vente immédiate. Pour l'éviter, on est porté à attendre et à faire ainsi le premier pas vers la spéculation. Mais, en tout cas, la spéculation est condamnable. La direction n'étant pas retenue par des conditions de ce genre, se trouve plus facilement en état de satisfaire aux demandes des consommateurs, même si les prix baissent, et de vendre s'ils augmentent ; elle est plus libre dans la disposition de ses approvisionnements. A la fin de l'année, les membres auront tout de même une réalisation satisfaisante de leur blé, car chaque bonne situation du marché profite à chacun d'eux, de même qu'ils supportent aussi en commun les prix peu élevés. Que la réalisation commune et par Syndicats, telle qu'elle est pratiquée de préférence en Poméranie, soit le système le plus avantageux, cela est admis même par les Syndicats qui ne l'ont pas encore adopté. Toutefois, ils croient ne pas pouvoir forcer encore leurs membres à cette espèce de réalisation, et ils sont d'avis que, pour atteindre au moins à quelque chose, un procédé, s'il n'est même pas irréprochable à tout point de vue, doit être admis. Il incombera à la direction de ces Syndicats d'enseigner à leurs membres une juste manière de procéder.

Il est un défaut incontestable d'organisation, c'est que les membres aient la faculté de fournir du blé en dehors du Syndicat. Car il en résulte la possibilité de l'offre particulière et de l'offre à temps inopportun, qui précisément doivent être évitées par le moyen des entrepôts. Des offres inférieures à la valeur, ainsi que la surabondance du marché et la dépression des prix, en sont les conséquences inévitables.

On est d'ailleurs convaincu que la livraison obligatoire est nécessaire, mais on ne croit pas pouvoir l'introduire encore. Le défaut de livraison obligatoire entraîne aussi le danger que, par un usage trop peu fréquent des greniers, les frais en deviennent trop considérables, et que les Syndicats ne puissent se maintenir. A la fondation de nouveaux Syndicats, il faudra se garder d'omettre d'obliger les membres à livrer leur blé.

La simultanéité du commerce de fourrages et d'engrais avec le commerce de blé est à redouter, parce qu'elle peut porter préjudice au rendement du commerce de blé. Si le gain résultant de ce commerce-là est additionné faussement au produit de la vente du blé, il en résulte une idée fausse ; la vraie situation est plus tard dévoilée. Or, une entreprise basée sur de fausses suppositions ne peut pas prospérer. D'un autre côté, il est vrai que la raison suivante parle en faveur de la fusion des affaires. Quand, dans une localité, le nombre des Syndicats devient trop considérable, les personnes aptes à les diriger peuvent facilement faire défaut. En outre, pendant les premiers temps surtout, les Syndicats doivent avoir recours à d'autres ressources. Pour ne pas arriver à de fausses conclusions, il sera nécessaire de mentionner chaque branche de commerce d'une manière distincte des autres.

Demandons-nous si les entrepôts de blés sont parvenus à leur but d'exercer une influence sur la formation des prix des blés, et nous devrons nous dire qu'ils n'y sont parvenus que pour les prix locaux, et même, dans ce cas, que d'une manière limitée. La raison en est avant tout que leur nombre est encore par trop restreint. Ce n'est que lorsque l'Allemagne sera couverte d'un réseau d'entrepôts de blés que le commerce, c'est-à-dire les transactions directes des agriculteurs avec les consommateurs, fera son apparition ; alors seulement ces transactions exerceront une influence appréciable sur les prix locaux. Mais lorsqu'il s'agit d'exercer une influence sur le marché du monde entier, une organisation de la vente des blés en Allemagne ne suffit pas ; pour cela, une entente internationale des producteurs de blé est nécessaire. La première condition en est une organisation nationale, et il est extrêmement important que nous en ayons le commencement en Allemagne, une base sur laquelle nous puissions construire. A mesure que l'on approfondira l'étude de la tâche commune, tendant à l'amélioration des prix du blé, on reconnaîtra aussi la nécessité de mesures ultérieures.

Dr jur. G. ROESICKE,

Président du *Bund der Landwirte*, et membre
du Reichstag.

II

L'ORGANISATION DE LA VENTE DES BLÉS
DANS L'AMÉRIQUE SEPTENTRIONALE

Par le Dr Gustave RUHLAND (Fribourg),

Directeur de l'Office international pour l'observation du cours des céréales à Fribourg.

Ce n'est que dans la seconde moitié du XIXᵉ siècle que la production du blé américain a émigré de l'Est vers l'Ouest, en passant par l'Ohio et l'Illinois pour se fixer définitivement dans les Etats de Minnesota et de Dakota. Cette exode a été provoquée par la construction et l'achèvement du réseau des chemins de fer américains. Avant la construction des chemins de fer, le transport vers les ports de l'Atlantique des marchandises venues du Dakota revenait à 525 francs les 50 kilogrammes ; ce prix est aujourd'hui tombé à environ 1 fr. 90.

Lorsqu'éclata la crise de 1857-1858, les chemins de fer atteignaient le Mississipi ; le Pacific Railway ouvrit le continent tout entier à la civilisation, il y a quelque vingt ans. Les progrès de l'agriculture sont, surtout dans cette seconde période, intimement liés au progrès des voies ferrées. Les sociétés de chemins de fer reçurent des pouvoirs publics des concessions de terres extrêmement étendues, qui avaient une superficie totale dépassant de beaucoup le double de la surface territoriale de l'Allemagne contemporaine. Elles devinrent les principaux intermédiaires placés entre les colons et le commerce, et disposèrent rapidement de quantités énormes de blé.

Les ouvriers étant rares et leurs salaires très élevés, l'usage des machines ne tarda pas à s'introduire. C'est à cette époque reculée que nous rencontrons pour la première fois des machines rudimentaires servant au déchargement et au transbordement des blés ; le nom même d'élévateur qu'on donne aux magasins de blé date de cette époque, qui est peu postérieure à l'ouverture du canal Erié (1823). Les machines de chargement et de déchargement reposaient d'abord sur le fond des bateaux qui servaient aux transports sur les lacs et le canal Erié ; bientôt on dut se préoccuper du transbordement des cargaisons des bateaux sur les wagons des compagnies de chemins de fer. Les élévateurs furent construits sur terre ; on y ajouta des magasins plus ou moins vastes ; l'élévateur moderne était créé.

Les élévateurs sont d'immenses bâtiments en bois, situés à proximité des voies ferrées et des voies navigables. Les dimensions de certains élévateurs sont telles que les trains y peuvent entrer librement. De puissantes machines opèrent le déchargement dans un temps très court ; le blé est rejeté dans des fosses latérales, creusées généralement sous la voie ferrée. Ces fosses, qui portent le nom de *hopper*, contiennent jusqu'à 1,000 bushels de blé. De puissantes machines transportent le blé de ces fosses aux étages supérieurs des bâtiments où se trouvent des bascules automatiques destinées à enregistrer les quantités de blé emmagasinées. Immédiatement au-dessous des bascules se trouve, à côté des instruments servant au triage et au nettoyage du blé, l'espace réservé à l'emmagasinage ; les instruments en question sont d'énormes tubes parallèles, traversant le bâtiment du haut en bas, et contenant parfois jusqu'à 7,000 bushels de blé ; les grands élévateurs ont de 500 à 700 tubes servant à la conservation du blé ; ils peuvent, en conséquence, héberger de 4 à 5 millions de bushels. Tous les élévateurs n'ont naturellement pas une égale contenance ; les élévateurs qui sont échelonnés dans les campagnes, le long des voies ferrées, contiennent en moyenne de 30 à 35,000 bushels (1 bushel ou boisseau = litres : 35,2381).

Une ouverture est pratiquée à la partie inférieure des tubes ; le blé se déverse directement de ces tubes sur des machines spéciales, qui le conduisent sur des bascules et, de là, dans les wagons des compagnies de chemins de fer ou dans les bateaux.

Dès le début, les compagnies de chemins de fer usèrent et abusèrent du monopole de fait que les circonstances leur avaient assuré. Ne pouvant se passer des élévateurs, les agriculteurs devaient, bon gré mal gré, passer sous leurs fourches caudines. La réaction ne tarda point à se produire. M. Kelley, du Minnesota, fonda en 1869 la Société des *Patrons of Husbandry* en vue d'échapper au monopole des chemins de fer. Cette Société eut bientôt des correspondants et des agents dans tous les grands centres des Etats-Unis ; elle entreprit l'organisation indépendant de la vente du blé. En 1874, elle comptait 800,000 membres et possédait 5 bateaux à vapeur, 32 élévateurs et 22 magasins de blé. L'entreprise, qui avait donné de belles espérances, s'effondra au moment même où elle pouvait engager une lutte victorieuse contre les accapareurs.

Une nouvelle campagne a été entreprise par deux Sociétés américaines : la *National farmer's Alliance and Industrial Union*, et la *National Grain Growers Association*, sous la direction de M. J.-C. Hanley. Le centre d'action de ces Sociétés est placé dans les fertiles régions du Dakota méridional et septentrional et dans l'Etat de Minnesota. Elles possèdent déjà 250 élévateurs agricoles, auxquels viennent se joindre environ 250 élévateurs indépendants ; en face de ces 500 élévateurs se trouvent 3,000 élévateurs appartenant au *trust* des chemins de fer, des élévateurs et des minotiers. La lutte est donc loin d'être égale, et les agriculteurs ont encore fort à faire pour récupérer leur liberté perdue.

Les *farmers* américains vendent directement leurs récoltes à l'élévateur de la prochaine gare du chemin de fer. Car, quoique de persistants efforts aient été tentés pour encourager les agriculteurs à conduire directement leur blé sur les grands marchés de Chicago, Duluth, Minneapolis, etc., le résultat est peu satisfaisant; les quantités ainsi vendues ne dépassent guère 4 à 6 p. 100 des marchandises conduites sur les marchés de l'Ouest.

Les prix sont arbitrairement fixés par le Syndicat des élévateurs. Chaque jour, l'administration centrale communique télégraphiquement les cours aux directeurs des élévateurs locaux; ces cours servent, après déduction des frais de transport, de base aux négociations et aux opérations commerciales qui se traiteront le lendemain.

Cette politique est fort préjudiciable aux intérêts des producteurs. Les cours de clôture sont souvent artificiellement abaissés, par suite de quelques ventes à perte; les élévateurs locaux déprécient sciemment le blé des farmers et paient les prix du Redwinter n° 2 pour un blé de meilleure qualité.

Pour échapper à cette fatale étreinte, on a construit des élévateurs indépendants à côté des élévateurs du Syndicat. En provoquant des hausses importantes, et moyennant des sacrifices qui ne peuvent nuire sérieusement à sa situation financière, l'élévateur syndical accule rapidement à la banqueroute le concurrent moins riche. Il est difficile de conduire directement le blé sur les grands marchés. Les compagnies ne permettent pas le déchargement direct du blé des voitures des fermes dans les wagons; d'autres refusent purement et simplement d'effectuer le transport qu'on leur demande. Si les farmers arrivent un jour à vaincre les résistances de leurs adversaires, le but n'est pas près d'être atteint. Souvent le blé subit en route des modifications préjudiciables, de sorte qu'il ne peut être vendu qu'à des conditions peu rémunératrices. En arrivant sur les marchés, le farmer est obligé de s'adresser à des commissionnaires affiliés au Syndicat qu'il a voulu éviter; ceux-ci le pressurent à l'envie et le forcent à consentir aux plus onéreuses transactions.

On a fait de nombreuses lois pour remédier à cette désastreuse situation; les unes ont été rejetées comme inconstitutionnelles; les autres ne sont pas exécutées. Dans les Etats de l'Ohio et de l'Indiana, les farmers ont construit des greniers et des granges pour héberger leurs récoltes, et ils ont pris l'habitude de transporter leur blé dans des sacs en toile au lieu de le transporter dans des voitures spécialement aménagées à cet effet. Cette initiative n'a pas encore produit de sérieux résultats. Les farmers ne concourent point à la fixation des prix; aucun moyen n'est à leur disposition pour neutraliser la politique des accapareurs qui se complaisent dans de funestes spéculations à la baisse.

Les négociants de Chicago, New-York, Duluth, Minneapolis, Saint-Louis, Détroit, etc., fixent arbitrairement les cours. Les cours du blé à terme ne varient nullement d'après l'abondance ou la pénurie des récoltes, d'après la loi de l'offre et de la demande, mais bien suivent l'importance plus ou moins grande des stocks déposés dans les élévateurs. De là ces oscillations quotidiennes dont généralement la cause n'est pas connue; de là ces prévisions à courte vue qui ne tiennent compte que des besoins du lendemain.

L'état des ensemencements est-il précaire et peu satisfaisant, la Bourse bien souvent les méconnaît et n'en tient aucun compte. La spéculation est à la baisse lorsque les renseignements venus des pays producteurs devraient provoquer la hausse ; ainsi en a-t-il été notamment dans la campagne de 1895-1896. Lorsque l'état des récoltes est excellent, la Bourse s'en sert pour déprimer les cours. La baisse est produite au moyen d'ingénieux marchés à terme, même au cas où le stock qui doit rester entre les mains des détenteurs au moment de la récolte nouvelle est d'une importance très réduite.

Les apports des cultivateurs de l'Ouest sur les grands marchés, apports connus sous le nom de Western receipts, exercent sur le mouvement des cours une influence que les accapareurs ont réussi à exploiter. Un apport de 2 à 300,000 bushels, venant s'ajouter aux apports ordinaires, suffit pour déprimer sensiblement les prix. Or, les farmers ne contribuent, dans les apports journaliers, que dans la minime proportion de 6 p. 100 ; les 94 p. 100 qui restent sont fournis par des élévateurs qui possèdent des stocks atteignant un chiffre minimum de 30 millions de bushels. Pour arriver à ce chiffre, nous supposons que les élévateurs ne contiennent qu'une moyenne de 10,000 bushels, chiffre qui est certainement au-dessous de la vérité. Au 10 février 1900, Bradstreet évaluait les stocks des élévateurs locaux du Nord-Ouest à 16,700,000 bushels. En possession de stocks aussi considérables, le Syndicat peut facilement jeter, du jour au lendemain, 2 ou 300,000 bushels de plus sur le marché et provoquer un effondrement des cours au moment où il le juge convenable.

L'importance de ces apports varie naturellement d'après l'importance de la récolte, et il arrive annuellement une période où les western receipts tombent à un chiffre très bas. Le Syndicat se sert alors d'un moyen différent pour diriger les cours à son gré. Les stocks visibles remplissent ce rôle ; leurs chiffres sont souvent exagérés sciemment ; le commerce les accepte sans hésitation. De cette manière, les fraudes et les pressions ne sont pas plus difficiles que pour les western receipts. Les calculs les plus invraisemblables sont publiés par les divers auteurs ; Bradstreet donne des évaluations qui diffèrent beaucoup de celles du *Daily Trade Bulletin*, de Chicago ; les statistiques publiées par le Daily Market Record, de Minneapolis, ne concordent pas davantage avec les indications du Cincinnati Price Current. Les termes de comparaison varient d'une année à l'autre, d'un État à l'autre. Les uns donnent le chiffre des stocks officiels ; les autres évaluent les stocks privés ; ceux-ci limitent leurs investigations au territoire de l'Union ; ceux-là y comprennent les provinces canadiennes.

Les élévateurs reçoivent le caractère d'élévateurs officiels, et leurs provisions sont comptées parmi les stocks officiels dès que les propriétaires se conforment aux prescriptions légales et acceptent le contrôle des représentants de l'administration publique. Ces agents délivrent des certificats de dépôt, qui peuvent être escomptés et négociés auprès des établissements financiers ; sur la présentation de ces Warehouse-receipts, les banques font des avances se montant jusqu'à 90 et 95 p. 100 du prix payé sur le marché. Le crédit personnel des farmers est bien plus onéreux. Dès que l'intérêt commercial l'exige, les propriétaires des élévateurs les font admettre au nombre des élévateurs officiels, ou bien ils les réintègrent parmi les élévateurs privés. Les stocks visibles dont l'importance sur les cours est prépondérante s'accroissent lorsque de nouveaux élévateurs sont placés sous la tutelle officielle ; ils diminuent au cas contraire. Il est donc vrai que ce moyen permet, lui aussi, au Syndicat de faire fléchir ou de surélever les cours.

L'évaluation des stocks privés est presque impossible ; on ne peut la tenter qu'avec l'aide et l'appui de la Société des élévateurs. Or, cette Société n'a pas toujours intérêt à donner les chiffres exacts ; bien au contraire. Au 1er mars 1900, Bradstreet indiquait un montant des stocks visibles qui dépassait le montant réel de 21 p. 100. En 1899, les chiffres de Bradstreet étaient en deçà de la vérité et ne représentaient que 70 p. 100 des quantités réelles. Cette politique du tout-puissant Syndicat peut se passer de commentaires.

Les ports américains ne possèdent presque pas de blé ; les marchés de l'intérieur en regorgent. Au 21 avril 1900, Broomhall estimait les stocks disponibles du port de New-York à 345,000 bushels et ceux de Chicago à 12,763,000 bushels ; ces quantités étaient, au 21 avril 1899, de 1,300,000 et de 5,135,000 bushels.

Le Syndicat retient ces quantités énormes sur les marchés intérieurs pour assurer sa domination sur le mouvement des cours. M. J. Hallett Greeley l'a récemment démontré dans une brochure retentissante, qui a impressionné le marché américain ; il faut espérer que les avertissements du courageux membre de la Chambre de commerce de Chicago ne resteront pas sans effets.

On a fondé, à côté des bourses officielles, des maisons de jeu, connues sous le nom de Bucketshops, qui sont constamment tenues au courant des moindres variations des cours. Le tenancier d'un tel établissement joue le rôle de banquier et encaisse les enjeux. Comme la plupart des joueurs jouent à la hausse, le banquier a tout intérêt au maintien de la baisse. Les 1,300 Bucketshops qui existent aux Etats-Unis ont constitué un trust destiné à la sauvegarde des intérêts communs. Quoi d'étonnant à ce que ce trust vienne au secours du Syndicat des élévateurs et n'hésite pas, lorsque le besoin s'en fait sentir, à consacrer des millions de dollars à une dépression artificielle des cours du blé !

Les agriculteurs ne sont pas seuls à souffrir de cette défectueuse organisation du marché américain ; les commerçants et les négociants honnêtes ne peuvent résister à la déloyale concurrence que leur font les Syndicats des élévateurs et des Bucketshops. On a interdit à la Société des élévateurs de participer aux opérations commerciales ; les élévateurs publics ont été soumis à un régime plus sévère. On a réclamé la suppression pure et simple des Bucketshops et limité la durée des marchés à terme à un maximum de trois mois. Malheureusement, la Chambre de commerce de Chicago n'est pas assez puissante pour pouvoir porter atteinte au monopole des élévateurs ; dès l'année 1894-1895, elle dut céder aux instances de ses puissants et peu scrupuleux adversaires.

Le rachat par l'Etat des chemins de fer américains ne nous paraît pas être un moyen bien efficace pour réagir contre ces désolantes et ruineuses pratiques et pour rendre aux agriculteurs des Etats-Unis leur droit inaliénable et imprescriptible de fixer eux-mêmes les cours de leurs produits.

Fribourg (Suisse), ce 1er mai 1900.

Dr Gustave RUHLAND.

III

LA VENTE DES PRODUITS AGRICOLES AU GRAND-DUCHÉ DE LUXEMBOURG

(Extraits de Documents officiels.)

Par l'Abbé WAMPACH,

Docteur en Droit, Professeur à l'Université de Fribourg.

Lorsqu'au mois de mai 1867, les grandes puissances, réunies au Congrès de Londres, assurèrent, par de réciproques concessions et par des garanties sérieuses, l'indépendance et l'autonomie du petit pays, des esprits timides et chagrins doutèrent que le Luxembourgeois fût apte à manier le délicat instrument qui porte, dans le langage des publicistes, le nom de selfgovernment. En peu d'années, ces vaines craintes furent détrompées.

De même que la Belgique, à laquelle un homme d'Etat avisé appliqua un jour la glorieuse désignation de *Laboratoire économique*, le grand-duché de Luxembourg se complaît dans les fécondes expériences sociales et économiques, et réalise journellement des progrès, dont ses législateurs ont tout droit de s'enorgueillir. Les sociétés philanthropiques et de bienfaisance, les mutualités, le crédit populaire et le crédit foncier, sont régis par de belles et fécondes lois. Le gouvernement grand-ducal a déposé sur les bureaux du Parlement des projets législatifs sur les maisons ouvrières et sur les assurances contre les accidents, qui contribueront largement à améliorer le sort des ouvriers industriels et des populations rurales.

Malgré la rapide extension de l'industrie minière, le Luxembourg n'en est pas moins resté un pays agricole; les agriculteurs constituent l'énorme majorité de sa population. On y cultive le blé, le seigle, l'avoine, l'orge, le sarrasin, etc. Aucune mesure n'a été prise jusqu'à ce jour pour organiser commercialement la vente du blé. De telles mesures n'étaient pas aussi nécessaires pour l'agriculture luxembourgeoise qu'elles l'ont été dans d'autres pays. Les raisons que l'on peut invoquer à l'appui de cette thèse sont assez nombreuses et variées.

L'exiguïté du territoire rendrait cette organisation très difficile, parce que les frais généraux devraient se répartir sur des quantités de blé peu considérables. Si, en effet, la production luxembourgeoise s'est accrue dans les derniers temps, elle ne suffit probablement pas encore pour la consommation intérieure; elle ne suffit certainement pas si l'on tient compte des quantités de blé consacrées annuellement à la distillation. Les distilleries agricoles sont fort nombreuses au Luxembourg et s'alimentent, au moins en partie, de blé venu principalement du grand port d'Anvers. Tout le maïs, dont on se sert dans l'alimentation du bétail, est importé des pays étrangers.

La crise agricole actuelle s'est fait sentir au Luxembourg comme en France et en Belgique, quoique avec une moindre intensité. Les cultivateurs luxembourgeois ont beaucoup souffert des suites de la mévente du blé. Leurs souffrances ont été augmentées par la coïncidence de cette crise avec la baisse des écorces de chêne, dont l'agriculture nationale tirait en grande partie son revenu le plus clair. L'importation des bois exotiques servant au tannage et l'introduction de méthodes nouvelles dans la fabrication du cuir ont diminué de plus de moitié la valeur des bois de chêne qui tapissent les coteaux ardennais du Luxembourg septentrional.

Le prix du blé ayant baissé, il a fallu en produire davantage et à moins de frais. Pour y arriver, on transforma les méthodes antérieures de culture ; d'extensive, la culture devint intensive. Une école agricole fut fondée pour propager l'enseignement technique ; des conférenciers parcoururent le pays pour initier les paysans aux progrès de la science. Comme, malgré ces progrès, la culture du blé restait insuffisamment rémunératrice, on se rejeta sur l'élevage du bétail et sur l'industrie laitière. L'utilisation des produits de la ferme donna lieu à la première tentative de la vente en commun.

Avant de donner les détails de cette organisation, il importe de remarquer que les progrès réalisés par l'agriculture luxembourgeoise sont dus principalement à l'initiative des pouvoirs publics et aux hardies innovations entreprises par quelques personnalités du monde politique.

.·.

L'Association générale des Laiteries constitue une première tentative de l'organisation commerciale de la vente des produits agricoles. Avant l'année 1883, les cultivateurs luxembourgeois tiraient peu de profit du produit de leurs étables. Le lait était versé dans des pots de grès et conservé soit dans les caves, soit dans la cuisine, soit même dans les appartements ; la crème était transformée en beurre au moyen des appareils les moins perfectionnés.

Les cultivateurs qui habitaient dans le voisinage d'un bourg ou d'une ville apportaient eux-mêmes leur beurre au marché hebdomadaire. Ils perdaient ainsi un temps précieux, et une partie du prix de vente restait invariablement entre les mains des commerçants et des boutiquiers de la ville. La situation était plus mauvaise encore dans les hameaux et les villages distants des centres populeux, où le beurre était vendu à des marchands ambulants, qui faisaient librement leur prix.

Dès l'apparition des réfrigérateurs, qui réalisaient un progrès important comparativement aux anciennes méthodes, une tentative fut faite pour organiser la vente du beurre ; elle fut infructueuse. L'introduction des écrémeuses centrifuges facilita la solution du problème. Les petits cultivateurs ne pouvaient réunir les fonds nécessaires pour l'achat des nouvelles machines ; l'impuissance individuelle provoqua l'action collective. Une première association laitière fut créée à Hassel, en 1894, par les soins d'un ingénieur agricole, M. Flammant. Elle alla de succès en succès. Cet exemple porta rapidement ses fruits. Le Gouvernement fit tout ce qui était en son pouvoir pour favoriser la constitution des associations laitières. Au début, les machines nécessaires à la fabrication du beurre furent mises gratuitement à la disposition des Syndicats ; des subventions pécuniaires proportionnelles aux dépenses réellement faites furent ensuite accordées aux Sociétés naissantes. Au mois de novembre 1899, le grand-duché comptait 49 Sociétés laitières, qui fonctionnaient à la satisfaction de tous. Sur ce nombre, il y a une Société anonyme; les autres Sociétés sont des associations libres, placées sous le contrôle permanent des autorités publiques.

Les associations laitières se sont entendues pour la vente en commun du beurre produit par elles. Avant l'expédition du beurre vendu par l'Association centrale, on le soumet à une double analyse chimique, destinée à assurer le bon renom de la marque syndicale. On n'est pas encore parvenu à conserver le beurre pendant les périodes de baisse et à influencer ainsi les cours par une sage modération de l'offre; des essais ont été tentés dans ce sens par le Syndicat central de Luxembourg.

Le personnel du service agricole a, aujourd'hui encore, la direction commerciale de la vente des produits du Syndicat central. Le Conseil d'administration du Syndicat se réunit mensuellement à Luxembourg pour délibérer sur les questions d'intérêt commun et pour prendre connaissance du résultat des opérations effectuées. Les sommes attribuées à chaque syndicat sont versées entre les mains des présidents à la fin de chaque mois.

Le tableau suivant donne un aperçu des progrès réalisés depuis l'année 1894 :

	Membres.	Lait travaillé. Kilogrammes.	Beurre fourni. Kilogrammes.	Sommes payées. Frais déduits.
1894	537	392.937	16.919	40.737
1895	634	1.147.882	40.027	83.764
1896	708	2.012.660	73.911	169.145
1897	1.171	2.404.792	92.492	230.706
1898	2.047	4.784.546	184.021	452.866
1899	3.143	7.993.425	319.737	788.309
		18.736.242	726.107	1.765.527

L'exportation, qui atteindra prochainement un million de francs, se réduisait à rien avant la création du Syndicat central des laiteries luxembourgeoises. Malgré les droits de douane élevés, des quantités importantes de beurre sont expédiées annuellement à Paris. En 1899, on a exporté :

En Allemagne	183.210	kilog. de beurre.
En Alsace et en Lorraine.	123.070	—
En France.	13.457	—

La vente du fromage est organisée d'après les mêmes principes; malheureusement la fabrication du fromage en est encore à ses débuts. La seule laiterie qui s'occupe de cette fabrication a produit 1,000 kilogrammes en 1899. La vente des œufs commence à prendre un certain développement et s'effectue par les soins du Syndicat des laiteries. Quoique la question des transports ne soit pas encore résolue, le total des œufs vendus pendant le premier trimestre de l'année 1900 s'élève à 2,786 douzaines.

Il nous reste à mentionner une dernière tentative de vente en commun : celle du Syndicat constitué pour la vente des fruits dans le grand-duché. Les froids excessifs de l'hiver 1879-1880 avaient fait périr la majeure partie des arbres fruitiers du grand-duché de Luxembourg; les pertes résultant de ce chef furent évaluées au chiffre approximatif de 7 millions de francs. Les jeunes arbres qui furent plantés depuis cette époque sont aujourd'hui en plein rapport. Entrevoyant la prospérité future de l'industrie fruitière, le gouvernement grand-ducal encouragea par de fortes subventions pécuniaires les plantations nouvelles, et remplaça par des arbres fruitiers les frènes et les peupliers qui, autrefois, bordaien les routes nationales. Les communes imitèrent l'exemple donné par l'autorité centrale.

Le Syndicat créé pour l'écoulement des fruits répond donc à un véritable besoin. Il est impossible de décrire son fonctionnement, parce que ses opérations n'ont commencé que vers la fin de l'année 1899. Les quantités suivantes ont été vendues par ses soins :

Pommes à cidre cultivées sur les routes nationales	106.000 kilog.	14.500 fr.
Pommes à cidre pour la distillation.	205.000 —	16.500
Fruits de choix.	105.000 —	26.000
Poires pour la cuisson	30.000 —	2.500

L'organisation commerciale pour la vente des produits agricoles a donc produit, au Luxembourg, des résultats très satisfaisants, qu'on doit naturellement considérer par rapport à la population peu nombreuse et au territoire exigu du grand-duché ; la voie adoptée a été heureuse.

Abbé WAMPACH.

IV

LE POINT D'EXPORTATION DES BLÉS FRANÇAIS

Par M. BOURGAREL,

Rédacteur à *l'Economiste Européen*, membre de la Société d'économie politique nationale.

A ne considérer que les emblavements, la culture du blé n'a pas subi en France de grandes variations. En 1875, la superficie ensemencée était de 6,950,000 hectares ; pendant les dix dernières années, la moyenne a été de 6,821,107 hectares et, en 1899, nous avons relevé le chiffre de 6,919,400 hectares.

En dépit de cette situation stationnaire, il faut remarquer que la production et le rendement moyen à l'hectare ont présenté des variations sensibles, et, si l'on considère que l'industrie agricole dépend essentiellement des conditions de la température, on est amené à conclure, en observant les résultats d'un certain nombre d'années, que le rendement s'accroît peu à peu, par le fait du perfectionnement des procédés de culture.

On s'en rendra compte en consultant le tableau suivant, qui nous donne les rendements moyens à l'hectare et les prix moyens de l'hectolitre pour chacune des périodes décennales de 1811 à 1899 :

Périodes.	Rendements moyens.	Prix moyens.	Périodes.	Rendements moyens.	Prix moyens.
—	Hectolitres.	Francs.	—	Hectolitres.	Francs.
1811-1820	10.22	24.60	1861-1870	14.28	21.46
1821-1830	11.90	18.38	1871-1880	14.60	23.09
1831-1840	12.77	19.04	1881-1890	15.72	18.89
1841-1850	13.68	19.74	1891-1899	16.14	17.27
1851-1860	13.99	22.10	»	»	»

Comme on le voit, chaque période ouvre un excédent sur la précédente, et l'hectare qui ne produisait que 8 hect. 59 en 1815, a donné plus de 18 hectolitres en 1858 et 1899. Ce chiffre n'a été dépassé qu'une seule fois en 1874, année où le rendement atteignait 19 hect. 36.

Les prix du froment qui, de 1756 à 1810, avaient augmenté d'une manière presque régulière et étaient passés de 9 fr. 58 à 20 fr. 26 l'hectolitre, ont subi, depuis lors, des variations nombreuses. Les cours les plus élevés ont été ceux de 1817, 36 fr. 16 ; de 1812, 33 fr. ; de 1856, 30 fr. 75 ; de 1855, 29 fr. 32 ; de 1847, 29 fr. 01 ; de 1854, 28 fr. 82 ; de 1816, 28 fr. 31, etc.

A quelques exceptions près, la récolte française n'a pu satisfaire jusqu'ici aux besoins du pays, et si la production est devenue plus importante, la consommation s'est accrue dans de plus grandes proportions. Nous avons donc dû demander à l'étranger le complément nécessaire.

Voici quels ont été nos excédents d'importations *en hectolitres* pendant les vingt-cinq dernières années :

Années.	Production française.	Excédent des importations.	Quantités mises à la disposition de la consommation.
1875	100.634.861	—1.843.109	98.791.752
1876	95.439.832	3.747.277	99.187.109
1877	100.145.651	—524.526	99.621.125
1878	95.270.698	17.819.513	113.090.211
1879	79.353.866	29.349.390	108.703.256
1880	99.471.559	26.792.720	126.264.279
1881	96.810.356	17.151.735	113.962.091
1882	122.153.524	17.587.291	139.740.815
1883	103.753.426	13.938.868	117.692.294
1884	114.230.977	14.767.996	128.998.973
1885	109.861.862	8.915.219	118.777.081
1886	107.287.082	9.760.931	117.048.013
1887	112.456.107	12.214.914	124.671.021
1888	98.740.728	15.478.241	114.218.969
1889	108.319.771	15.585.520	123.905.291
1890	116.915.880	14.503.214	131.419.094
1891	77.265.828	27.279.784	104.545.612
1892	109.537.907	25.679.425	135.217.332
1893	97.792.080	13.278.662	111.070.742
1894	122.469.207	16.536.808	139.006.015
1895	119.967.745	6.388.809	126.355.554
1896	119.742.416	2.168.280	121.910.696
1897	86.900.088	6.945.192	93.845.280
1898	128.096.149	26.228.018	154.324.167
1899	129.005.500	1.633.346	130.638.846

Il est tenu compte, dans ce tableau, des excédents d'importation de la farine qui a été convertie en blé, à raison de 70 kilogrammes pour un quintal de froment.

Pendant la période considérée, nos exportations n'ont dépassé que deux fois nos importations : en 1875, de 1,843,109 hectolitres et, en 1877, de 524,526 hectolitres. Si l'on fait la moyenne de ces chiffres, on voit que la consommation française, pendant les dix dernières années, a été quelque peu supérieure à 120 millions d'hectolitres.

Les évaluations du ministère de l'Agriculture pour les deux dernières récoltes (128,096,149 hectolitres pour 1898 et 125,005,500 hectolitres pour 1899) sont peut-être un peu au-dessus de la vérité, mais, néanmoins, elle permettent de dire que, dans les années normales, l'aide de l'étranger est actuellement inutile à la France, et que celle-ci dispose même d'un surplus qu'elle peut exporter.

C'est pour arriver à ce but que la loi du 27 février 1894 a établi un droit de douane de 7 francs sur chaque quintal de blé importé en France. Cette protection, justement accordée à cette matière de première nécessité, a eu pour raison d'être le développement de la production nationale. On a compris qu'un pays n'est véritablement fort que s'il se suffit à lui-même, et on a voulu donner à nos cultivateurs les moyens de lutter avec leurs concurrents étrangers, dont le prix de revient est bien moins élevé que le nôtre.

Tant que notre sol n'a pu fournir la quantité de froment nécessaire à notre consommation, ce droit a permis aux agriculteurs français de vendre leur récolte avec un léger bénéfice. Mais nous sommes arrivés au moment où la situation est sur le point de changer ; non seulement les besoins de notre pays sont assurés, mais, dans les années normales, il nous reste encore un stock disponible. Comment l'écouler ? Tel est l'important problème que nos hommes d'Etat s'efforcent à résoudre.

Nous n'avons pas à nous occuper ici des diverses solutions proposées, notre but est plus modeste ; nous ne nous proposons que d'examiner la situation actuelle.

Or, cette situation est la suivante :

Tant que les récoltes ont été inférieures aux besoins ; tant qu'il nous a fallu importer d'assez grandes quantités de blé pour combler la différence, le droit de douane de 7 francs a donné un plein effet. Si les détenteurs de blé indigène avaient exigé des prix supérieurs à ceux cotés à l'étranger, les acheteurs indigènes auraient eu la faculté de recourir à l'importation et, bon gré mal gré, les détenteurs du blé indigène auraient dû ramener leurs prétentions à la limite du *point d'entrée* du blé étranger.

Le blé indigène a joui dans ce cas sur le marché français par rapport au blé étranger d'un avantage, théoriquement mesuré par l'ensemble des frais de toute nature que celui-ci devait subir pour venir se mettre à la disposition de la consommation française ; des différences légères ont pu se produire à certains moments, qui provenaient de circonstances particulières, mais la spéculation arbitragiste s'est chargée de rétablir rapidement le niveau général.

La situation se trouvera complètement renversée le jour où, la production française dépassant de beaucoup la consommation, il faudra chercher au dehors un débouché pour cet excédent. Ce sera la loi générale de l'offre et de la demande d'origine française qui déterminera alors nécessairement le prix du blé sur les territoires français, et aucune mesure de protection n'empêchera notre blé de baisser. Les prix dépendront de plusieurs facteurs, dont les plus énergiques, dans le sens de la dépréciation, seront la spéculation et l'importance de l'excédent disponible.

La baisse aura cependant une limite ; elle sera fixée par les prix du blé sur les marchés étrangers, déduction faite des frais de toute nature que le blé français devra subir pour aller s'y offrir à la consommation.

Le *point d'exportation* du blé indigène sera donc atteint à partir du moment où son prix sur le marché français, majoré des dépenses nécessaires d'exportation, se trouvera inférieur au prix auquel on pourrait le vendre sur les marchés étrangers. Les détenteurs de blé indigène auront ainsi la faculté d'échapper aux prétentions des acheteurs français et, par le jeu de la concurrence arbitragiste, ceux-ci se trouveront dans la nécessité de relever leurs offres jusqu'à la limite du *point d'exportation*.

Dans une étude consacrée à cette question, M. Edmond Théry a fait observer que nous serons alors exportateurs de blé comme nous sommes devenus exportateurs de sucre depuis la loi de 1884, et le droit de douane de 7 francs qui continuerait à frapper le blé étranger ne servirait pas plus à relever en France le prix de ce produit que ne sert aujourd'hui le droit de douane de 10 francs par quintal qui protège le sucre indigène contre la concurrence étrangère.

« La question du sucre, dit-il, apporte une preuve décisive à cette théorie : La France, l'Autriche-Hongrie et l'Allemagne produisent respectivement 800,000, 830,000 et 1,830,000 tonnes de sucre chaque année ; ces trois pays protègent leur industrie sucrière contre la concurrence étrangère par un droit de douane de 10 francs par 100 kilog. en France, 14 fr. 75 en Autriche-Hongrie, et 25 francs en Allemagne.

« En Angleterre, où le sucre n'est pas protégé, ce produit vaut sur le marché 30 francs les 100 kilog. Si la protection douanière avait nécessairement pour effet de maintenir, entre le marché intérieur et les marchés étrangers, une différence proportionnelle au droit de douane établi, le quintal de sucre valant 30 francs sur le marché libre anglais, devrait valoir 40 francs en France, 44 fr. 75 en Autriche-Hongrie, et 55 francs en Allemagne. Or, il n'en est rien, et les mercuriales nous démontrent chaque jour que, déduction faite des droits intérieurs, le prix du sucre se nivelle dans les trois pays sur celui de l'Angleterre.

« Quelle est la cause de ce phénomène ? Uniquement la surproduction qui oblige la France, l'Autriche-Hongrie et l'Allemagne à exporter sur les marchés étrangers la moitié, les deux tiers ou les trois quarts de leur sucre indigène.

« Le même phénomène se produit exactement pour le blé dans tous les pays exportateurs de ce produit. Le prix du quintal de blé indigène y varie, en monnaie indigène, selon les variations de la valeur de cette denrée par rapport à l'or ; mais le prix en or, déduction faite des frais d'exportation, s'y établit toujours d'après les prix du marché libre anglais, quel que soit, d'ailleurs, le régime douanier des pays exportateurs. »

Les statistiques que nous avons reproduites au début de cette étude montrent que nous approchons du moment où la protection doit devenir impuissante à maintenir sur le marché français le prix du blé à un taux stable et rémunérateur.

Faut-il en conclure que nous devons renoncer à cette protection ? Loin de là ; elle est nécessaire, car seule elle peut permettre à la culture française de conserver l'avance acquise et de limiter, jusqu'à concurrence des besoins de la consommation indigène, les effets de la concurrence étrangère. Et l'on peut constater que, depuis 1894, le droit fixe de 7 francs a donné son plein effet ou joué partiellement, selon l'importance des disponibilités en blé indigène. Les cours de Paris ont donc eu une tendance à se niveler sur ceux du marché de Londres, déduction faite du droit de douane de 7 francs, et le nivellement sera absolu quand la production française dépassera sensiblement les besoins de la consommation indigène, c'est-à-dire quand notre pays sera devenu exportateur de blé.

Mais avant que nous en soyons arrivés là, il est utile de réglementer les exportations du blé qui doivent permettre, à certaines époques, d'écouler à l'étranger les stocks qui contribueront à avilir les prix.

Le problème est difficile à résoudre, mais nous serions disposés à nous ranger à un projet de M. Domergue qui tend à la formation de grands Syndicats agricoles destinés à emmagasiner une grande partie de la récolte, à donner sur elle des avances et à la vendre en temps opportun.

Pour que cette régularisation pût s'effectuer, il faudrait que ces Syndicats fussent en mesure d'exporter, de temps à autre, certaines quantités pour alléger les stocks, et comme la France produit en ce moment presque autant de blé qu'elle en consomme, il faudrait pouvoir importer, à d'autres époques, des quantités égales à celles qui auraient été exportées.

L'exportation, ainsi réglée, aurait une influence bienfaisante sur l'établissement des prix en France.

Au point de vue géographique, notre situation est, d'ailleurs, des plus favorables pour l'exportation du blé. Dans une intéressante brochure sur cette question, M. Charles Simon, consul général de Roumanie à Mannheim, fait observer que le sud-ouest de l'Allemagne, la Suisse, la Belgique et la Hollande sont des pays important régulièrement de grandes quantités de blé, et que la France y trouverait, à chaque instant, un écoulement facile au prix du marché universel.

Nous n'aurions pas à subir une grande perte pour le transport de la marchandise, parce qu'en employant adroitement les canaux, les frais pourraient être considérablement réduits. D'autres contrées sont aussi très bien placées pour se servir des ports français, en vue d'exporter au fret le plus bas, par voilier ou par vapeur, dans le plus grand pays d'importation pour le blé, c'est-à-dire en Angleterre.

Il faudrait, en outre, obtenir des Compagnies françaises de chemins de fer un abaissement du tarif du transport du blé, et elles retireraient un profit constant de cette exportation autant que de la réimportation des quantités exportées.

Enfin, l'agriculteur français pourrait développer cette exportation et en augmenter la valeur en s'efforçant de produire, autant que possible, la même marchandise sur de grandes surfaces pour offrir un type uniforme pouvant être acheté sur le marché universel sans le moindre échantillon, comme le blé Redwinter, le blé de Milwaukee ou le blé de Chicago.

Pour nous résumer, nous ne pouvons considérer notre pays comme étant appelé à devenir un grand exportateur de blé, mais notre production est arrivée à un point où, dans les années normales, elle doit décharger son trop-plein sur le marché universel. Il faut, dès lors, s'efforcer d'empêcher que cette exportation ne provoque un avilissement des prix. On y arrivera en la réglementant, en l'organisant et en se servant des expériences faites pour d'autres cultures.

Georges BOURGAREL.

V

DE CERTAINES MODIFICATIONS DES LOIS DE DOUANE
EN VUE DE LA HAUSSE DES PRIX DU BLÉ (1)

Par M. Ch. GUERNIER, professeur agrégé à la Faculté de Droit de Lille.

Nous voudrions étudier les moyens proposés pour provoquer une hausse normale du prix du blé en apportant à l'application du tarif des douanes certaines modalités.

Nous laisserons donc systématiquement de côté tous les autres facteurs qui peuvent influer sur les prix de cette céréale.

On sait que le tarif des douanes a rarement joué dans la plénitude de son chiffre, c'est-à-dire que le prix pratiqué sur le marché français ne s'est jamais trouvé égal au prix mondial majoré du droit d'entrée. Nous n'avons pas à rechercher les causes de ce résultat, qui était à prévoir d'ailleurs pour tous ceux qui tiennent compte des multiples éléments du problème.

La différence entre les prix français et le prix mondial s'atténue de jour en jour. N'y aurait-il pas lieu de modifier le jeu du tarif pour rendre à celui-ci une partie de son efficacité? Les moyens employés ou proposés sont, si nous laissons de côté l'échelle mobile, dont l'histoire a jugé le mérite :

1° Le régime de l'admission temporaire ;
2° Le régime du bon d'exportation ;
3° Le régime du bon d'importation.

Ils sont tous dominés par un objet commun : déterminer une hausse générale ou régionale en provoquant une diminution des quantités offertes.

Nous nous proposons de déterminer dans quelle mesure ils y parviennent.

I

Dans un vaste pays comme la France, il convient de tenir compte, en même temps que de la situation d'ensemble, des diversités régionales qui restreignent ou étendent l'application des règles générales.

Si les départements du nord de la France sont grands producteurs de blé au point que l'offre y est supérieure à la consommation, la région de Marseille produit en quantité insuffisante pour son alimentation. On pourrait penser que, de tout temps, le Nord trouvait un débouché facile sur le marché de Marseille. Il n'en

---

(1) Note pour une discussion sur les acquits-à-caution, les bons d'importation et les bons d'exportation.

est rien. Avant le relèvement des droits d'entrée, Marseille s'approvisionnait de blés exotiques. Les droits relevés, Marseille continua d'acheter des blés étrangers, trouvant encore plus de profit à payer les droits de douane qu'à subir les transports onéreux des compagnies de chemins de fer. Les producteurs du Nord ne purent donc gagner un débouché que la protection douanière semblait leur assurer.

On aurait pu faciliter par des tarifs spéciaux de chemins de fer l'accès du marché de Marseille aux blés du Nord. On préféra user d'un autre moyen.

Les farines du nord et de l'est de la France sont très estimées sur les marchés des pays voisins, mais y supportent difficilement la concurrence étrangère. On fit jouer le régime de l'admission temporaire comme soupape d'échappement au trop-plein des marchés du Nord. Voici comment :

Le régime de l'admission temporaire n'était conçu — et raisonnablement il ne doit pas avoir d'autre objet principal — que comme un moyen pour l'industrie de la meunerie de lutter sur les marchés étrangers, sans avoir à supporter la situation de défaveur que créait la majoration du prix de la matière première due au tarif douanier.

Le meunier qui exporte ne peut acheter du blé de France, puisqu'il aurait à subir toute la différence entre le prix français et le prix mondial. Par le régime de l'admission temporaire, il introduit sur le territoire du blé étranger et il s'oblige à le ressortir dans un délai déterminé sous forme de farine, moyennant quoi il n'a pas à payer le droit de douane. Au moment de l'entrée du blé, l'administration lui délivre un titre appelé « acquit-à-caution ». Ce titre indique le droit d'entrée dont son compte est débité, et le compte sera crédité d'égale somme à présentation de l'acquit au moment d'une sortie équivalente de farine. Si l'importateur laisse écouler le délai sans ressortir de farine, il devra acquitter le droit.

De 1873 à 1896, l'importateur de blé fut tenu de faire sortir la farine par le bureau de la douane où il avait importé. En 1896, l'importateur obtint la faculté d'apurer ses acquits dans les bureaux d'une zone donnée.

Sous le régime étroit du décret de 1873, comme sous le régime des zones, l'admission temporaire remplissait encore une fonction subsidiaire qui seule nous intéresse ici.

Le meunier de Marseille, après avoir vendu sur le marché local la farine qu'il avait extraite des blés étrangers, se procurait dans les ports du Nord ou de l'Atlantique des farines françaises qu'il exportait pour apurer ses acquits-à-caution. L'obligation dans laquelle il se trouvait d'apporter la farine au bureau de la douane de la direction où s'était faite l'importation ou dans la zone d'exportation, la grevait de frais de transport assez élevés. Le meunier vendeur et, par contre-coup, l'agriculteur, supportaient cette charge qui déprimait les cours de la céréale.

Permettre d'apurer les acquits-à-caution à tous les points de la frontière, c'était libérer les farines du Nord d'un transport inutile et onéreux et relever leur prix d'autant. Ce fut l'objet du décret du 9 août 1897.

Dès lors, Marseille, par l'intermédiaire de l'acquit-à-caution, remplissait sans entrave sa fonction de débouché aux farines du Nord, et les blés et les farines du Nord profitèrent plus largement du tarif douanier.

Si le régime de l'admission temporaire a eu l'effet utile que nous venons de signaler, il a eu, pendant un temps, une influence déprimante sur les prix, par suite de l'agio qui se faisait sur les acquits-à-caution.

Avant le décret du 9 août 1897, l'acquit-à-caution, par son caractère anonyme, était un instrument de spéculation désastreuse pour l'agriculture.

Ce décret le rendit nominatif. Il doit être souscrit par un meunier, n'est endossable qu'une seule fois et à un meunier. Il n'est cessible que pendant les dix jours qui suivent l'importation.

L'acquit-à-caution était désormais soustrait à la masse spéculatrice et restait entre les mains de l'industrie pour laquelle il avait été créé.

Le délai de dix jours laissait un temps trop court pour de grandes spéculations. Il est à regretter toutefois que l'endosseur ne soit pas tenu de dénoncer dans ce délai l'endossataire.

Quoi qu'il en soit, l'acquit-à-caution remplit normalement son rôle principal et — ce qui nous importe ici — son rôle subsidiaire. Nous ne pensons donc pas qu'il y ait lieu de le supprimer, comme on le propose actuellement au Parlement.

Malheureusement, le rôle de soupape qu'il joue est en fonction des entrées qu'il représente. Or, les quantités en excédent dans le Nord ont tendance à être supérieures aux quantités importées, et la différence pèse lourdement sur les cours et les avilit.

C'est pourquoi on propose de rendre au droit de douane une partie de son efficacité en faisant subir à sa perception certaines modalités qu'il convient d'examiner maintenant. Nous voulons parler du bon d'exportation et du bon d'importation.

II

MM. Papelier et Fénal, dans une proposition de loi présentée à la Chambre des Députés (n° 1,110), demandent qu'on délivre à tout importateur un bon établissant la somme perçue par le fisc. Le bon serait transmissible à toute personne par voie d'endossement. Il donnerait lieu au remboursement du droit perçu si le porteur, dans les six mois de la création du bon, justifiait de l'exportation par une frontière quelconque des céréales énumérées à la proposition de loi ou de leurs dérivés.

Le bon de MM. Papelier et Fénal est connu sous le nom de bon d'exportation. Il nous ramène au système du drawback. Pratiquement, il jouerait le rôle de l'acquit-à-caution d'avant le décret du 9 août 1897.

Il y a bien entre les deux titres cette différence, que l'un donne lieu à un remboursement éventuel d'espèces versées, et l'autre au paiement éventuel d'espèces non déboursées; mais, au point de vue qui nous préoccupe, c'est-à-dire de leur influence sur les prix du blé, les deux titres présentent le même caractère de devoir leur valeur au fait d'être accompagnés d'une quantité de blé, d'influer par réaction sur la valeur de ce dernier. Or, lorsque l'acquit-à-caution circulait librement entre les mains de n'importe quel porteur, il donnait prise à une spéculation désastreuse. Et MM. Papelier et Fénal donnent à leur bon les mêmes caractères. Il y a donc lieu de penser qu'il engendrerait les mêmes maux. Nous pensons même que le bon d'exportation serait plus dangereux que l'ancien acquit-à-caution, parce que celui-ci ne pouvait laisser prise à la spéculation que dans les rapports de la farine et de son propre cours, tandis que le bon d'exportation, permettant d'acquitter une céréale par une autre, engloberait dans une même spéculation toutes les céréales et dans des rapports dont le spéculateur resterait le seul maître.

III

On propose encore de créer un bon dit bon d'importation.

Tout exportateur de blé ou de farine recevrait un bon constatant les existences sorties. Au moyen de ce bon, il paierait ensuite certains droits d'entrée.

Les partisans du bon d'importation se réclament souvent de l'exemple de l'Allemagne, où fonctionnent les bons d'importation. Ces bons y auraient eu une influence éminemment bienfaisante sur l'agriculture et le commerce.

Comme cet exemple détermine à lui seul beaucoup de convictions, nous croyons devoir le discuter.

En Allemagne, le bon d'importation a été institué pour remédier à une situation économique que nous ne connaissons plus, et produit des conséquences que nous ne saurions atteindre.

Il est un fait qui domine toute la question du bon d'importation : *l'Allemagne ne produit pas de blé en quantité suffisante pour sa consommation.*

Malgré cela, chez elle, comme chez nous autrefois, il y a des régions qui produisent au delà de leur propre consommation. C'est le cas de la Prusse.

Avant l'établissement des droits de douane sur les céréales, l'est de l'Allemagne ne vendait pas ses céréales aux pays du sud-ouest; il exportait en Angleterre et en Scandinavie. Depuis ces droits, il n'aurait pu le faire sans perdre le bénéfice du tarif protecteur.

La vente sur les marchés du sud-ouest de l'Empire fut bien tentée; mais on y préférait encore les blés étrangers aux blés de Prusse, malgré le droit de douane ; on n'achetait ces derniers qu'à vil prix.

Le régime des acquits-à-caution existait bien et aurait pu rationnellement remplir la fonction d'équilibre qu'il a en France; mais les meuniers du Sud-Ouest répugnaient à en user ou n'y trouvaient pas leur compte. De plus, ce régime mettait les Prussiens dans la dépendance des meuniers bavarois.

La loi du 14 avril 1894 créa les bons d'importation. On y lit :

« En cas d'exportation de blé, de seigle, d'avoine, de légumes secs, d'orge, de colza, de navette, enlevés à la circulation commerciale sur le territoire douanier de l'Empire, lorsque les quantités exportées seront au moins de 500 kilos, il pourra être délivré au détenteur de la marchandise, sur sa demande, un certificat (bon d'importation) qui autorisera le porteur à importer, dans un délai à fixer par le Bundesrath, mais qui ne dépassera pas six mois, une quantité de marchandise correspondante à la valeur du bon et de *la même espèce*, sans acquitter de droits de douane. »

La loi autorise également à porter en compte les bois d'œuvre, les fruits du Sud, les épices de tous genres, le café brut, le cacao en noix, etc., etc.

Nous ferons sur ces textes une double remarque : 1° La céréale entrée doit être de même espèce que la céréale sortie; 2° Si les céréales sorties peuvent, au moyen des bons d'importation, servir à acquitter les droits sur certains autres produits, tels que café, cacao, etc., en fait, depuis la loi, les bons n'ont guère acquitté de droits que sur les céréales.

Grâce à la loi du 14 avril 1894, les Prussiens exportèrent leurs blés tout en gardant le bénéfice du droit de douane, qu'ils récupéraient en important en franchise dans les Etats du Sud des blés étrangers. En outre, leurs marchés moins encombrés virent leurs cours rémonter.

On cite comme conséquences heureuses du régime des bons d'importation le nivellement des prix et le développement du commerce de l'Empire.

Il y a eu, en effet, un nivellement de prix, mais au profit des Prussiens principalement; car, si les cours des marchés du Nord se sont relevés, les Prussiens ont nécessairement déprimé les cours des marchés du Sud avec des blés étrangers importés en franchise. Et cette dépression a opéré dans toute la mesure des sorties, puisque, d'une part, il est établi que les bons d'importation n'ont pas acquitté les droits sur des produits autres que les céréales, et que, d'autre part, la loi ne permet pas d'acquitter une céréale importée par une céréale exportée d'espèce différente.

Il y a eu développement du commerce extérieur nécessairement; mais il ne faut pas oublier que cette circulation s'est faite au détriment de la circulation intérieure. Des sorties de blés sont faites, qui sont en apparence indépendantes des importations. Qu'on lise superficiellement les statistiques douanières — et cela arrive souvent — et l'Allemagne paraîtra avoir développé grandement ses exportations et ses importations, alors qu'elle aura simplement sorti son blé par une frontière pour le faire rentrer par une autre.

Ainsi, le bon d'importation correspond en Allemagne :

1° A des considérations de politique intérieure ;

2° A une production de céréales déficitaire. Il ne peut même correspondre qu'à une situation déficitaire, puisque la loi autorise le Conseil fédéral à suspendre la création de bons d'importation le jour où la production serait équivalente à la consommation ;

3° En fait, à un simple échange de blés étrangers contre des blés du nord de l'Allemagne.

La France unitaire ne saurait être préoccupée par des considérations comme celles qui ont fait accorder à l'agriculture prussienne une situation spéciale dans l'Empire. Sa production en blé est près de satisfaire à toutes les demandes de la consommation, et c'est précisément pour parer à une baisse des prix qu'entraînerait la surproduction qu'on propose les bons d'importation. Enfin, les besoins d'équilibre entre nos deux grandes régions à production inégale sont satisfaits par l'acquit-à-caution.

Les conditions de milieu n'autorisent donc pas d'invoquer, pour la création du bon d'importation en France, l'exemple de l'Allemagne.

Cela ne nous dispense pas d'étudier l'influence que pourrait avoir en France, sur le prix des blés, le bon d'importation.

Deux systèmes sont particulièrement en présence : l'un est contenu dans un avis de la Commission des douanes, à la Chambre des députés, adoptant une proposition de M. Debussy ; l'autre est recommandé par certains économistes, notamment M. Charles Simon, consul général de Roumanie, à Mannheim.

* *

Le système de M. Debussy est présenté comme une adaptation au régime douanier français du bon allemand. Son auteur croit en tirer, pour la France, les avantages qu'en aurait recueillis l'Allemagne.

La démonstration qui précède montre déjà que ces espérances sont illusoires.

Il y a mieux : le bon de M. Debussy n'a rien de commun avec le bon allemand.

Il serait délivré à tout exportateur d'une quantité de blé ou de farine (addition de M. de Saint-Quentin), par l'administration des douanes, un certificat anonyme, au moyen duquel le porteur de ce bon acquitterait les droits à l'entrée, sur les cafés, thés et cacaos.

Rapprochons cette définition de celle du bon d'importation allemand.

Le bon d'importation allemand donne pour contre-partie au blé exporté : 1° du blé, puisqu'une céréale ne peut compenser qu'une céréale de même espèce; 2° des produits autres que des céréales et notamment du café et du cacao.

Or, dans la proposition Debussy, le blé importé ne sert pas de contre-partie au blé exporté. Et cependant nous avons dit qu'en fait, lui seul avait apuré le bon d'importation allemand.

Nous pourrions nous en tenir là et notre démonstration serait complète au point de vue économique.

Mais, même en ce qui concerne les produits autres que les céréales, l'identité n'est qu'apparente.

Nous avons déjà dit que l'Allemagne a une production de blé insuffisante pour sa consommation ; la France, au contraire, est sur le point d'avoir une production suffisante, et même est menacée d'avoir une surproduction. Il suit de là que ce que le fisc allemand aurait perdu sur le café et le cacao, il l'aurait regagné sur les blés qu'on n'aurait pu, dès lors, introduire en franchise. En France, au contraire, le blé sorti n'aura pas besoin d'être remplacé par du blé importé ; par suite, ce que le fisc perdra sur les cafés, thés et cacaos, il ne pourra le reprendre sur aucune importation.

Qu'est-ce donc que la proposition Debussy, sinon une proposition tendant à l'établissement d'une prime à la sortie déguisée? Seulement, au lieu de donner franchement la prime, on en subordonne la délivrance à une importation de cafés, thés et cacaos.

Cette proposition soulève deux ordres d'objection. Premièrement, toutes celles qui se rattachent à l'idée de prime et dont le développement dépasserait les limites de cette simple note; les jalousies d'autres producteurs demandant des primes à leur tour; les représailles de l'étranger ; les déficits du Trésor. Deuxièmement, celles qui tiennent aux conditions mises à sa délivrance.

Qu'un exportateur touche une somme déterminée à la sortie d'un produit, on saura exactement ce qu'il en coûte au Trésor et, par suite, à la masse des contribuables. Mais qu'on rende un phénomène économique (importation des cafés, thés et cacaos, dans l'espèce) solidaire de la perception de cette somme, on adultère le phénomène dans des proportions qu'on ne peut même pas apprécier, parce qu'il réagit à son tour sur le phénomène qui donne naissance au droit éventuel à la prime (sortie de blé ou farine).

Il y aurait ainsi action des blés sur l'entrée des cafés, thés et cacaos, réaction des cafés sur la sortie des thés. Et le lien entre ces diverses actions et réactions serait un titre au porteur !

Qui ne voit là un vaste champ offert à la spéculation et à l'agio sur les bons d'importation? Le commerce y pourrait gagner; l'agriculture, étrangère à toutes ces spéculations, en serait bien vite la dupe.

.*.

Si le bon d'importation de M. Debussy n'a rien de commun avec le bon allemand, celui de M. Simon, au contraire, en est la reproduction fidèle dans toute sa portée économique. Le bon allemand n'a acquitté, en fait, que des droits sur les blés ; logiquement, M. Simon ne donne puissance libératoire à son bon qu'en ce qui concerne ces droits.

Précisons le mal auquel l'auteur veut remédier.

D'abord, l'auteur demande qu'avant toutes choses l'on diminue la production du blé en France ; car, selon lui, notre agriculture ne peut songer à exporter de façon à lutter avantageusement contre les blés d'Amérique ou de Russie.

La production étant encore inférieure à la consommation, il arrive cependant que, durant les derniers mois de l'année, les cours s'avilissent pour remonter ensuite. Cela tient à ce que les agriculteurs vendent en masse après les récoltes et provoquent une baisse qui subsiste jusqu'au moment où les existences sont toutes passées aux mains du commerce.

Le bon d'importation, d'après M. Simon, permettrait d'exporter des blés au moment de l'offre surabondante, ce qui empêcherait la dépression des cours, et d'en importer au moment où les cours se relèveraient. Il y aurait ainsi nivellement. On exporterait sans inquiétude, puisqu'on aurait la certitude d'importer sans payer le droit de douane.

Nous nous demandons qui fera ces exportations.

Seront-ce les meuniers, les marchands de grains, les spéculateurs, le commerce, en un mot ? Nous ne comprenons pas bien pourquoi le commerce s'imposerait à lui-même de faire une exportation de céréales dans le but d'élever les prix juste au moment où il serait acheteur.

Seront-ce les agriculteurs ? Mais ces sorties destinées à des ventes sur des marchés étrangers, combinées avec des importations éventuelles, supposeraient chez les agriculteurs une forte éducation commerciale.

Or, précisément, le reproche qu'on adresse aux agriculteurs est qu'ils n'ont pas d'éducation commerciale. S'ils en avaient une, ils commenceraient par ne pas vendre en masse sur les derniers mois de l'année.

Par conséquent, toute la question se ramène à ceci :

Est-il plus facile d'éduquer commercialement l'agriculteur pour toutes les combinaisons de vente sur les marchés du monde que pour la vente périodique sur son propre marché ?

Est-il plus facile d'apprendre à l'agriculteur à faire les innombrables combinaisons du commerce international qu'à garder son blé chez lui pendant quelques mois ?

Poser la question, c'est la résoudre, et démontrer par conséquent l'inutilité pour l'agriculture des bons d'importation.

La vérité est que les bons d'importation serviraient aux spéculateurs à faire des hausses et des baisses *momentanées*. Leur création serait pire que le rétablissement du libre-échange, car, grâce à eux, le tarif douanier continuerait de mettre un frein aux importations immodérées, sauf à celles que leur porteur aurait préparées de longue main par des exportations préalables.

Nous concluerons donc en demandant le maintien pur et simple du *statu quo*, sauf une modification de détail dans le régime des acquits-à-caution : la dénonciation du nom de l'endossataire à l'expiration du délai de dix jours.

Ch. GUERNIER.

VI

LE BUREAU INTERNATIONAL AGRICOLE DE FRIBOURG

NOTICE

Si l'économie politique théorique a ses axiomes, l'économie politique pratique a les siens. La nécessité dans laquelle se trouvent placés les agriculteurs de s'organiser en vue de la vente de leurs produits constitue une de ces vérités évidentes, dont toute démonstration serait inutile. Le Congrès de Versailles et ses dévoués organisateurs ont eu le mérite de le reconnaître et le courage de l'affirmer hautement. Quoique les dégâts causés par les gelées d'hiver aient ajourné, ou pour parler plus exactement, rendu la solution du problème de la vente des blés moins urgente aux yeux du grand nombre, il importe d'aviser aux voies et moyens de réaliser l'entente reconnue nécessaire.

La mévente des blés n'est point particulière à la France ; les agriculteurs français ne sont pas seuls à en souffrir.

L'agriculture américaine est opprimée par une poignée de spéculateurs qui ne connaissent que leur intérêt férocement égoïste. Le puissant Syndicat des Elévateurs, soutenu par les Compagnies de chemins de fer et par les minotiers, exerce une domination tyrannique et ruineuse, à laquelle les *farmers* ne peuvent utilement résister. Les congrès agricoles succèdent aux congrès, les délibérations aux délibérations, et quoique de persistants efforts aient été tentés pour échapper à l'étreinte du Syndicat, le mal est loin d'être guéri. Aux 3,000 élévateurs des accapareurs, les cultivateurs n'en peuvent encore opposer que 500. Un moment de négligence ou d'oubli suffit pour contracter une maladie amenant la mort ou nécessitant un traitement énergique et prolongé. L'apathie et l'ignorance des agriculteurs américains ont amené une situation que seuls un labeur soutenu et des sacrifices considérables pourront améliorer.

L'agriculture anglaise a perdu jusqu'au courage de se plaindre. Dans le pays qui vit naître « la période chaotique de la grande industrie », les champs sont convertis en pâturages ou en terrains de chasse. L'Angleterre produit du blé en quantité suffisante pour assurer la subsistance de ses habitants pendant une période variant de cinq à six semaines.

On a écrit des ouvrages intéressants sur l'essor industriel et commercial de l'Allemagne ; on n'en écrira pas sur l'évolution régressive de l'agriculture allemande. Cette évolution à rebours est consignée dans les colonnes des feuilles agricoles et dans les recueils des délibérations des associations agraires. Ce n'est pas à dire que les Allemands n'aient pas, sur le terrain agricole comme sur d'autres terrains, pris des initiatives hardies et tenté d'heureuses réformes. L'association centrale d'Offenbach a réuni en janvier 1900 un Congrès pour délibérer sur les meilleurs moyens d'arriver à une organisation professionnelle de la vente des blés. Une commission permanente a été instituée pour continuer l'étude du difficile problème. Tandis que les agriculteurs les moins exigeants réclament un prix d'au moins 170 à 175 marks par tonne, la Bourse de Berlin cotait, au 4 avril, le blé de mai à 150 1/2 m., le blé de juillet à 154 3/4 m., et le terme de septembre à 157 3/4 marks. L'écart reste considérable et les cours actuels sont loin d'être rémunérateurs.

La production hongroise et celle des provinces balkaniques ne sont pas plus heureuses. Il suffit de rappeler les discussions du Congrès de Budapest.

Que dire de la situation des fermiers russes et des producteurs de l'Inde britannique? Le commerce russe est entre les mains de quelques gros spéculateurs, dont les manipulations avilissent le blé de ce pays sur les marchés étrangers. De même que l'Inde, la Russie connaît l'horreur des disettes et des famines. En temps d'abondance, l'exportation artificiellement activée absorbe jusqu'au dernier pud de froment. Les vaches maigres succèdent aux vaches grasses avec une fatale périodicité. Seulement les vaches maigres ne dévorent pas les vaches grasses, comme dans le songe de Pharaon, mais bien les malheureux et imprudents moujiks.

Le problème de la vente des blés est un problème international; sa solution intéresse les agriculteurs de tous les pays. Car nous croyons superflu de parler de la prétendue opposition d'intérêts que des spéculateurs intéressés découvrent entre les agriculteurs des diverses nations. Les intérêts de tous sont solidaires et l'harmonie et la concorde doivent dominer là où l'on voudrait semer l'ivraie de la discorde.

Quelle est la source de ce malaise général? Est-ce cette imaginaire surproduction dont longtemps on leurra les producteurs trop crédules? Les événements qui se sont passés lors du Leitercorner ont donné le coup de grâce à cette invraisemblable théorie. De longtemps les quantités de blé produites ne dépasseront pas les besoins des 1,500 millions d'hommes éparpillés sur la surface du globe. Mais si la théorie de la surproduction générale est insoutenable et n'a plus guère de partisans, il n'en est pas moins vrai que telle région et tel pays peuvent produire trop de blé eu égard aux besoins de la consommation nationale. La dépression des cours qui, pendant l'hiver dernier, a atteint tous les marchés français, nous dispense d'insister sur ce point.

L'avilissement des cours ne dépend donc pas du jeu naturel de la loi de l'offre et de la demande. Le blé ne se vend plus parce qu'au lieu de subir la loi de l'offre et de la demande, les intermédiaires et les spéculateurs ont réussi à en fausser le jeu. D'après l'ordre naturel des choses, les producteurs devraient fixer les prix de leur marchandise; ce n'est pas l'acheteur qui fixe le prix des denrées coloniales qu'il va chercher dans la boutique de l'épicier. Le prix de vente d'une marchandise ne devrait être autre chose que le résultat de l'addition du coût de la production et d'un léger bénéfice; or, plus que personne, le producteur est à même de connaître le prix de revient du produit créé par son travail.

Là spéculation s'est arrogé le droit qui appartient aux agriculteurs. Le fermier de la Beauce ou de la Brie, le cultivateur poméranien, le farmer du Far-West, le moujik russe et le paria de l'Inde vendent leur blé au cours que veut bien leur indiquer l'acheteur. Le vendeur, réduit à un rôle purement passif, consent malgré lui à l'onéreuse transaction qu'on lui propose; cette obéissance passive et indolente le conduit à la ruine d'abord et à la misère ensuite.

Telle est la situation qu'il importe de changer. Les remèdes passagers ne sont plus de mise; les articles de loi et les mesures douanières elles-mêmes sont inefficaces et se retournent bien souvent contre ceux qu'ils entendent protéger. Pour extirper le mal, il faut en détruire les causes; or, pour détruire ces causes, il faut avant tout les connaître.

Dans une guerre malheureuse, le vaincu doit s'instruire des leçons du vainqueur. Dans la lutte engagée entre l'intermédiaire et le producteur, ce dernier a été vaincu; à lui de profiter des leçons que donne l'adversaire. Il est facile d'interpréter ces leçons et de reconnaître les causes qui ont valu au commerce et à la spéculation la suprématie qu'ils exercent au détriment des victimes.

En face de la spéculation hiérarchiquement organisée et disciplinée à merveille, l'agriculture se débat dans une endémique et presque incurable anarchie. L'organisation est inconnue dans les rangs dissolus du monde agricole. Les agriculteurs vivent au hasard et vendent leurs produits à un moment quelconque; ils sont incapables de justifier leur imprudente conduite par les prétextes même les moins sérieux. Il en est tout autrement du commerce, qui embrasse d'un vaste coup d'œil le grand marché international, en connaît les moindres variations et est renseigné sur les oscillations les plus légères des cours. C'est, d'un côté, le joueur inexpérimenté, incapable de déjouer les plus grossiers stratagèmes, qui se meut au hasard, au gré de ses inspirations inconscientes; de l'autre, un fin stratégiste, qui sait ce qu'il veut et profite de la moindre inadvertance et de la plus légère inattention de son malheureux adversaire. La victoire ne peut être douteuse.

Faut-il ajouter qu'à côté de ces moyens honnêtes et avouables, la spéculation dispose de ressources dont les agriculteurs doivent s'abstenir de faire usage. Les feuilles techniques et les nombreuses revues commerciales sont à l'entière dévotion des maîtres qu'elles servent et ne reculent souvent devant aucun moyen pour nuire aux agriculteurs.

La supériorité du haut commerce vient de son organisation et de l'excellent service de renseignements dont il a su s'entourer. Pour pouvoir lutter avec quelque espoir de succès, les agriculteurs donc, eux aussi, doivent s'unir et s'entourer de renseignements suffisamment sûrs et suffisamment exacts.

Comment faire pour en arriver là? La réponse est simple. Les renseignements que doivent posséder les producteurs de blé doivent être assez exacts et sûrs pour qu'on puisse les suivre sans crainte. Or, les indications que l'on trouve dans les feuilles commerciales manquent souvent de précision et de justesse. Nous avons cité, à d'autres occasions, de nombreux exemples d'erreurs volontaires de la presse spéciale. Il importe donc de fournir aux cultivateurs ces indications impartiales et sérieuses. Pour pouvoir, dans la vente des produits agricoles, adopter une politique raisonnable et fructueuse, il faut connaître les cours des journées précédentes et les principaux événements qui peuvent soit les faire fléchir, soit les relever. Une connaissance approfondie du passé autorise des prévisions raisonnables pour l'avenir.

Le secret n'est pas une condition indispensable des renseignements à communiquer aux agriculteurs, qui n'ont pas, comme les spéculateurs, intérêt à voiler leurs opérations et à agir dans l'ombre. Comme l'univers tout entier est devenu aujourd'hui un vaste et unique marché, les renseignements agricoles doivent embrasser le marché international dans toute son ampleur. Il est impossible de s'orienter sur les marchés locaux si l'on ne connaît pas la situation approximative des marchés étrangers. Les marchés du monde entier sont solidaires; la Bourse de Paris oscille suivant les impulsions qui lui viennent de Liverpool ou de Chicago.

Comment assurer ce service de renseignements, qui doit contribuer puissamment à l'amélioration de la situation agricole? Il faut évidemment qu'un organe central de renseignements réunisse les nouvelles venues de toutes les parties du monde, les coordonne scientifiquement et en communique la substance aux agriculteurs sous une forme aussi claire que possible. Ces renseignements seront propagés par tous les moyens, et les Syndicats agricoles devront mettre leur amour-propre à ce qu'aucun membre de leurs unions n'ignore les causes qui pourraient faire dévier les cours dans un sens ou dans un autre. Nous n'allons pas jusqu'à croire que cette éducation commerciale nouvelle SE FERA DU JOUR AU LENDEMAIN; c'est une œuvre de longue haleine, que seul un labeur prolongé pourra mener à bonne fin. L'avoir seulement tentée constitue une entreprise féconde et digne d'être encouragée.

Cette œuvre a été tentée. Un Bureau international agricole a été fondé, depuis quelques mois, dans la ville de Fribourg (Suisse). Les autres Bureaux internationaux institués en Suisse ont rendu de grands services aux nations qui les ont créés et qui les subventionnent. Il est à espérer que le Bureau agricole sera digne de ses devanciers et que les intérêts qu'il est appelé à défendre étant supérieurs, ou du moins égaux, aux intérêts confiés à la sauvegarde des autres Bureaux, du Bureau des chemins de fer, de la protection de la propriété littéraire et artistique, etc., il contribuera à augmenter le bon renom de la Suisse, qui abrite tous les Offices internationaux, et à améliorer la situation agricole.

Cette création est venue à son heure. L'Allemagne a fondé un Syndicat national des alcools; il existe une Association internationale des fabricants de sucre. L'un et l'autre établissement fonctionnent à la satisfaction des intéressés. Pourquoi en serait-il autrement de l'Institut international agricole? Et s'il faut bien avouer qu'un tel Office rencontre de grandes difficultés, que ses investigations doivent s'étendre sur toute la surface du globe et non pas seulement sur un nombre restreint d'établissements, sa tâche n'en est pas pour cela rendue utopique ou impossible. Lorsqu'en 1861, M. François-Otto Licht envoya à quelques quarante abonnés sa modeste circulaire de statistique sucrière, il s'est trouvé des esprits timides qui condamnaient l'entreprise comme hasardeuse. Néanmoins, le but visé a été atteint. Il n'en sera pas différemment du Bureau international agricole. Déjà la période où l'on accueillait cette initiative avec de sarcastiques sourires est passée. La plus puissante Société agricole allemande, le « Bund der Landwirthe », n'est pas restée en arrière et n'a ménagé ni ses encouragements ni ses subsides. Les agriculteurs russes et les farmers américains se sont intéressés à la nouvelle création.

Pour profiter des renseignements qu'ils recevront de Fribourg et qui seront consignés dans un Bulletin mensuel, les agriculteurs doivent s'unir en vue d'organiser la vente de leurs récoltes. Cette union, elle aussi, présuppose l'existence d'un organe central destiné à préparer les voies. Les unions purement régionales ont trompé les espérances de leurs fondateurs. Il n'est pas jusqu'aux ingénieuses créations de silos et de magasins dont certaines associations allemandes ont pris l'initiative, qui n'aient démontré l'inefficacité des groupements régionaux de vente. La commission permanente, issue du Congrès réuni en janvier 1900 par l'Association centrale d'Offenbach, étudie encore le moyen de réaliser l'idéal rêvé. Le directeur du Bureau international a été appelé à Berlin pour y exposer les grandes lignes de l'organisation projetée. Les propositions faites par lui seront certainement exposées au Congrès de Versailles après qu'elles auront été publiées en Allemagne, par les soins du « Bund der Landwirthe ».

Il faut donc tendre à une organisation nationale qui ait en même temps un certain caractère international. Les détails de ces organisations feront l'objet des délibérations du Congrès, et il ne nous appartient pas d'en décrire dès à présent le mécanisme. Qu'il nous suffise d'avoir montré que l'existence d'un organe central international est nécessaire pour hâter l'organisation des agriculteurs en vue de la vente de leurs blés.

Il ne nous reste plus qu'à montrer comment procède le Bureau international pour arriver au but qu'il se propose.

Nombreuses sont les statistiques, tant officielles qu'officieuses et privées, qui sont publiées annuellement sur la situation du marché agricole. Malheureusement, leurs données sont souvent inexactes et l'on ne peut s'en servir que sous bénéfice d'inventaire. Le Bureau de Fribourg complète ces indications et les contrôle au moyen de renseignements spéciaux et sûrs, que lui envoient des correspondants compétents et consciencieux. Un accord est intervenu entre le Bureau international et le savant éditeur des *Corn Trade News*, M. Broomhall. Le statisticien anglais communique immédiatement les renseignements les plus récents au Bureau de Fribourg, qui est ainsi mis en mesure de donner toujours les indications les plus précieuses et les nouvelles les plus fraîches. Les expériences des années antérieures sont consignées sur des graphiques tenus au jour et annotés avec un soin minutieux. Un simple coup d'œil jeté sur ces tableaux suffit pour donner une idée exacte de la situation du marché.

La *Revue* de l'Institut de Fribourg paraît mensuellement et donne, en outre, des renseignements détaillés sur les mouvements passés et futurs des cours, des travaux d'actualité sur toutes les questions pouvant intéresser le commerce des céréales. On y étudie les variations du fret, des primes d'assurance, des stocks visibles, des embarquements à destination des pays importateurs, les prévisions des récoltes, les projets de loi qui intéressent la production des blés, la législation douanière, la politique agraire des divers États et les progrès des associations agricoles. La bibliographie agricole est l'objet d'un examen approfondi Les hommes d'État, les membres du Parlement et les représentants de la presse trouveront toujours au Bureau agricole les renseignements les plus précieux sur les différentes questions internationales agricoles, dont la connaissance peut leur être utile ou nécessaire. Ce sont surtout les Syndicats agricoles qui ont tout intérêt à entrer en rapports avec l'organe central créé à leur intention. Les directeurs de ces associations se feront auprès de leurs membres les intermédiaires naturels de l'Institut de Fribourg; les communications qu'ils recevront périodiquement serviront de base aux causeries qu'ils feront aux réunions des Syndicats. Nous pourrions citer de nombreux Syndicats français et allemands, voire même des associations russes et américaines, qui déjà sont entrés dans cette voie.

De l'étude rigoureusement scientifique à laquelle se livre le Bureau se dégageront des conclusions du plus haut intérêt. C'est ainsi que, dans une des dernières circulaires, l'Office agricole a découvert les traces d'une politique néfaste et pernicieuse, suivie depuis longtemps par le Syndicat américain des élévateurs qui, par une exagération artificielle de ses stocks, a réussi à déprimer les cours sur les marchés européens comme sur les marchés indigènes. La notation fictive des seigles, à laquelle se livra pendant de longs mois la coulisse berlinoise, a été découverte et stigmatisée par le Bureau. La République argentine a exporté, pendant le premier trimestre de l'année courante, des quantités énormes de blé. Cette panique était au moins partiellement provoquée par les circulaires intéressées de quelques maisons de spéculation ; ces circulaires avaient été répandues à profusion dans la République sud-américaine, en vue de précipiter la vente et de déprimer les cours. Il est inutile du multiplier ces exemples. On rend les supercheries des spéculateurs plus rares, pour ne pas dire impossibles, en soulevant le voile qui les recouvre ; les manœuvres louches et malhonnêtes ne réussissent que si elles se peuvent perpétrer dans l'ombre et sous le sceau du secret.

Telles sont les services que le Bureau international agricole est appelé à rendre, et les principaux points de son programme. Les agriculteurs réunis au Congrès de Versailles en comprendront l'importance et contribueront à étendre encore le rayon d'action de cette utile institution. Ce soutien est nécessaire parce que des entreprises de ce genre sont forcément fort coûteuses et se heurtent à de nombreux obstacles.

Fribourg (Suisse), ce 26 avril 1900.

(Institut de Fribourg.)

ANNEXES

Pages.

I. — Modèle de procuration notariée d'un associé pour le warrantage. 123
II. — Programme d'un cours d'enseignement pour les Kornhæuser. 124
III. — Renseignements pratiques pour le Congrès. 126

I

MODÈLE DE PROCURATION NOTARIÉE D'UN ASSOCIÉ

Par devant

A comparu :

M. (Nom, prénoms, profession et domicile),

Agissant comme membre du Syndicat agricole de   , fondé d'après statuts déposés à la mairie de   , le

et, en cette qualité, membre de la Société du Crédit agricole mutuel de

Constituée d'après statuts déposés au greffe de la justice de paix du canton de   , le

Lequel a, par ces présentes, constitué pour son mandataire spécial M.

Auquel il donne pouvoir de, pour lui et en son nom :

Aviser M.   , propriétaire du fonds loué, conformément à l'article 2 de la loi du 18 juillet 1898, que le comparant est dans l'intention de contracter un emprunt d'une somme de   , dans les termes de cette loi, sur (nature, valeur et quantité du produit à warranter);

Le présenter devant le greffier du juge de paix de   , pour y faire la déclaration prescrite par l'article 3 de la loi précitée, avec constatation de l'avis donné au propriétaire et de la non-opposition de ce dernier ;

Faire connaître s'il existe ou non une assurance contre l'incendie du produit à warranter ; indiquer le nom et l'adresse de l'assureur ; s'il y a nécessité, pourvoir au défaut d'assurance ; passer à cette fin tout contrat avec telle compagnie que le mandataire avisera et faire toutes stipulations voulues ;

Signer tout bon pour transport du warrant créé et obtenu, et ce à l'ordre de la Société de Crédit agricole mutuel qui en aura effectué l'escompte ; toucher le produit de cet escompte ; en donner décharge ; autoriser tout prêteur à se faire délivrer par le greffier une copie des inscriptions d'emprunt déjà existantes, ou un certificat négatif ;

Au besoin, reconnaître que le porteur du warrant aura, sur les indemnités d'assurances dues en cas de sinistres, les mêmes droits et privilèges que sur la marchandise warrantée ;

Rembourser la créance garantie par le warrant à l'échéance ou par anticipation ; apurer tout compte d'intérêts ; s'il y a refus par le créancier d'accepter les offres du comparant, faire toute consignation judiciaire, poursuivre l'obtention de l'ordonnance qui transportera le gage ;

Après remboursement opéré au transport de gage, faire constater l'extinction de la dette sur le registre prévu par la loi plus haut indiquée ;

En cas de constatation, faire valoir les droits et actions du comparant en référé, tant en demandant qu'en défendant ;

En toutes circonstances, agir au mieux des intérêts du constituant, signer tous actes, registres, bordereaux et autres documents ; élire domicile, substituer au besoin et généralement faire le nécessaire.

ALLAIRE,
Agent de change honoraire.

Remarques. — Cette procuration peut être faite autrement que par acte authentique. Il est douteux qu'elle puisse être donnée sur papier libre ; l'article 16 de la loi du 18 juillet 1898 ne contient pas d'exemption.

Il y a lieu de proposer au Congrès la proposition suivante :

Ajouter à l'article 16 de la loi du 18 juillet 1898 : « Sont dispensées de la formalité du timbre et de l'enregistrement : les lettres prévues....., etc., toutes procurations dressées par un associé des syndicats ou des coopératives, pour le warrantage de ses récoltes ».

———

II

PROGRAMME D'UN COURS D'ENSEIGNEMENT
POUR LES KORNHÆUSER

———

La Commission allemande des greniers à blé (Kornhæuser) a institué, pour le mois de juin 1900, des cours théoriques et pratiques pour tout ce qui se rattache à la question de ces établissements. Les cours sont placés sous la direction de la station expérimentale pour les grains, à Berlin.

Leur durée est fixée à six jours.

Les conférences et les exercices en sont fixés, sous la réserve de légères modifications, de la manière suivante :

Tous les jours, avant midi.

De 8 à 9 heures : Sur les moteurs (chaudières et machines à vapeur) ; sur l'électricité dans ses applications pratiques.

Conférence de M. l'ingénieur Haack.

De 9 à 10 heures : Sur la mise en tas et la manipulation du blé.

Conférence de M. le docteur J.-F. Hoffmann.

De 10 à 11 heures : Les animaux et les plantes nuisibles au Kornhaus ; leur destruction ; les mauvaises herbes qui se produisent dans les céréales.

Conférence de M. le docteur Henneberg.

De 11 à 12 heures : Sur la connaissance et l'appréciation des orges et des céréales propres à la brasserie ; démonstration dans l'atelier des machines.

Conférence de M. le docteur Remy.

Tous les jours après midi.

De 1 à 3 heures, éventuellement à 4 heures : Comptabilité pour l'administration d'un Kornhaus.

Conférence de M. Rexerodt, junior, — Cassel.

En outre, dans l'après-midi, des exercices auront lieu au laboratoire (dosage de l'eau dans les blés ; de l'humidité dans l'atmosphère, etc.), sous la direction de M. le docteur J.-F. Hoffmann.

Toutes les conférences et tous les exercices auront lieu dans l'Institut pour les industries de la fermentation et de la fabrication de l'amidon, à Berlin, N. — Seestrasse, 65.

Les honoraires sont fixés, pour chaque participant, à 40 marks. Dans toutes les soirées, les élèves de ces cours se réuniront dans des assemblées libres, dans lesquelles des questions relatives à ces cours seront mises en discussion. Dans ce but, on établira une boîte pour recevoir les demandes.

On compte sur un nombre convenable de participants, d'après les prévisions, pour ces cours, qui se tiendront au milieu du mois de juin. Mais, en première ligne, on compte surtout que les Sociétés de Kornhæuser, les Unions, les Sociétés centrales, les Sociétés agricoles, etc., procureront à leurs employés l'occasion d'y prendre part.

Toutes ces Sociétés diverses, tous les intéressés et, en particulier, MM. les professeurs d'agriculture, voudront bien s'adresser, jusqu'au 30 mai, à l'adresse suivante : Direction de l'Union générale des Sociétés agricoles allemandes, à Offenbach-sur-le-Mein, Löwenstrasse, 2.

Aussitôt qu'on aura un nombre suffisant d'adhésions, on publiera un avis détaillé. Je suis prêt à donner des explications plus complètes.

Offenbach-sur-le-Mein, le 10 mai 1900.

Le Président de la Commission allemande des Kornhæuser,

Haas.

(Traduit par Alfred Paisant.)

III

RENSEIGNEMENTS PRATIQUES POUR LE CONGRÈS

Récolte du blé en France en 1874, la plus belle du XIXe siècle.

6.863.000 hectares, 133.000.000 d'hectolitres. Prix : 26 francs le quintal
et 24 francs toute l'année 1875.

Récolte du blé en France de 1875 à 1899.

Années	Superficie ensemencée.	Production.	Rendement moyen à l'hectare.	Prix moyen de l'hectolitre.
—	—	—		
	Hectares	Hectolitres	Hectolitres	Francs
1875	6.950.000	100.634.861	14.48	19.38
1876	5.866.009	95.439.832	13.90	20.64
1877	6.979.000	100.145.651	14.35	23.42
1878	6.844.000	95.270.698	13.92	23.08
1879	6.943.080	79.355.866	11.43	21.92
1880	6.827.000	99.714.559	14.57	22.90
1881	6.960.000	96.810.356	13.91	22.28
1882	6.900.000	122.153.524	17.70	21.51
1883	6.804.000	103.753.426	15.25	19.16
1884	7.051.000	114.230.977	16.20	17.76
1885	6.944.000	109.861.862	15.82	16.80
1886	6.958.000	107.287.082	15.42	16.94
1887	6.967.466	112.456.107	16.14	18.13
1888	6.978.134	98.740.728	14.15	18.37
1889	7.038.968	108.319.771	15.39	18.45
1890	7.061.739	116.915.880	16.55	19.05
1891	5.759.599	109.537.907	13.41	20.58
1892	6.986.628	109.537.107	15.67	17.87
1893	7.073.050	97.792.080	13.82	16.55
1894	6.991.449	122.469.207	17.52	15.21
1895	7.001.669	119.967.745	17.13	14.40
1896	6.870.352	119.742.416	17.42	14.82
1897	6.583.776	86.900.088	13.19	18.85
1898	6.963.711	128.096.149	18.40	19.90
1899	6.919.400	129.005.500	18.64	15.12

Importations en France des principales céréales en quintaux, de 1893 à 1898 inclus.

Années	Blés.	Maïs.	Orges.	Avoines.
1893	10.031.629	2.727.409	2.464.805	3.075.775
1894	12.496.188	2.491.381	2.873.211	5.484.948
1895	4.507.304	1.361.356	1.440.679	2.640.253
1896	1.584.770	3.297.465	1.394.611	1.934.743
1897	5.226.591	3.965.015	1.911.084	1.982
1898	19.545.487	5.607.479	1.704.859	3.100.362

Total pour le blé en six années : 53.391.969 quintaux, soit par année : 8.898.661 quintaux.

Admissions temporaires en 1899, 5.300.000 quintaux; exportation de farine correspondante, 4.300.000 quintaux.

Tableau des droits protecteurs (aux 100 kilos).

Russie.		Suède. . . . . 0 f. 30	Suède. . . . . 5 f. »
Danemark.		Norvège (tarif conven-	Espagne . . . . 6 »
Hollande.	*Aucun droit.*	tionnel) 0 80	France. . . . . 7 »
Belgique.		Bulgarie 0 80	Italie. 7 50
		Serbie. . . . . 2 »	Turquie, 8 0/0 *ad valorem.*
Roumanie.		Autriche-Hongrie . . 3 15	Portugal, prohibition ou
Grande-Bretagne.		Allemagne (tarif con-	11 fr. 25 les 100 kilos.
		ventionnel). . . . 4 40	

New-York et Chicago, 4 fr. 89 par quintal.

Droits comparés de l'Allemagne et de la France sur cinq céréales.

		Allemagne.	France.
Pour les blés.		4 fr. 40	7 fr.
—	scigles.	4 40	3
—	avoines	3 50	3
—	orges	2 50	3
—	maïs.	2 »	3

Traduction des mesures anglaises en mesures françaises.

1 bushel = 36 lit. 34   1 quarter ou 8 bushels = 2 hect. 90.

Évaluation des récoltes de 1900 en France, d'après « le Marché Français »
(en hectolitres et suivant les régions).

		1899	1900
1re	région.	13.946.700	11.299.420
2e	—	28.713.500	17.484.500
3e	—	10.150.000	6.794.120
4e	—	19.146.400	15.503.950
5e	—	17.111.900	12.902.330
6e	—	12.895.800	10.391.400
7e	—	13.665.900	10.733.910
8e	—	6.579.800	5.234.110
9e	—	6.722.700	5.796.340
10e	—	72.800	83.020
		129.003.500	96.223.100

En moins pour 1900, 32.782.400 hectolitres.

Surfaces ensemencées en 1899, 6.919.400 hectares; en 1900, 6.716.580 hectares.

En moins pour 1900, 202.820 hectolitres.

Les importations de la République argentine en Europe, au printemps de 1900.

Depuis dix semaines, à la date du 19 mai 1900, les chargements pour l'Europe se sont élevés en moyenne à 1.007.811 hectolitres, donc au total à 10.078.110 hectolitres, qui, évalués à 73 kilos l'hectolitre, forment 7.359.823 quintaux! c'est-à-dire en dix semaines seulement, plus du treizième de la récolte de la France en 1899.

Les évaluations de la récolte dans les États-Unis d'Amérique pour l'année 1900.

80.750.000 hectolitres de plus qu'en 1899, faisant 60.562.000 quintaux.

Supposez que notre récolte de 1900 soit déficitaire et que nous ne produisions que 80 millions de quintaux, nos blés monteront et au mois de juin 1901, les prix commençant à augmenter, il peut y avoir un léger rehaussement du prix du pain. Si nous sommes réunis dans une entente commune, rien à craindre : pas d'augmentation sérieuse du prix du pain, pas de suspension du droit de 7 francs!

Si nous n'avons pas formé cette cohésion que je cherche, nous reverrons le coup du mois de juillet 1898, non seulement les blés baisseront, ce qui serait un malheur relatif, mais nous subirons encore une inondation des blés étrangers.

L'action des coopératives peut seule affirmer au Gouvernement la vraie situation de nos quantités en grenier et empêcher le renouvellement de ce qui s'est passé en 1898!

Lois à étudier.

En France :   Loi du 24 juillet 1867, sur les sociétés.

Loi du 21 mars 1884, sur les syndicats professionnels.

Loi du 1er août 1893, art. 68.

Loi du 3 novembre 1894, relative à la création de sociétés de crédit agricole.

Loi du 18 juillet 1898, sur les warrants agricoles.

Loi du 31 mars 1899, sur les caisses régionales agricoles.

En Allemagne : Loi du 22 juin 1896, sur les bourses.

Alfred PAISANT,

Président du Tribunal civil de Versailles,
Membre du Jury des récompenses de la classe 104 à l'Exposition universelle.

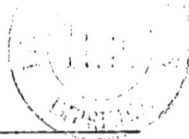

TABLE DES MATIÈRES

Pages.

Congrès de la vente du blé, par Alf. P. 5
Commission d'organisation. 6
Bureau du Congrès 7
Règlement du Congrès 8

PREMIÈRE SECTION

Elaboration d'une organisation collective de la vente du blé.

Liste des membres du Bureau, des rapports préliminaires et communication annoncée. 9
Examen juridique des diverses combinaisons de la vente en commun du blé, par M. A. Souchon 10
Sur l'organisation de la vente des blés par les Sociétés coopératives, par M. André Courtin. 19
Sociétés coopératives ou Syndicats de vente; leurs rapports avec les banques agricoles, par M. Nicolle. 29
Des Sociétés de crédit mutuel agricole, par M. Charles Egasse. 39
Rapport des Sociétés locales de crédit agricole mutuel avec les Caisses régionales et les Coopératives de vente, par M. Allaire 42
Les Warrants agricoles, par M. Henry Marchand. 46
De trois questions préparatoires à l'organisation de la vente en commun du blé, par M. Alfred Paisant 57

DEUXIÈME SECTION

Moyens d'assurer des débouchés aux organisations à créer; questions techniques.

Liste des membres du Bureau, des rapports préliminaires et des communications annoncées 65
Le marché du blé, par M. Convert. 66
Des blés propres à la meunerie. — Les blés étrangers sont-ils nécessaires? par M. Eugène Remilly 77

9

Pages.

La mévente des blés. — Les causes du mal et le remède. — Les meuneries-boulangeries rurales, par M. J. SCHWEITZER. 80

De l'influence du marché des farines fleur de Paris sur le prix du blé en France,
par M. J. ADRIEN 84

TROISIÈME SECTION

*Etude des organisations déjà existantes à l'étranger ; questions douanières et
internationales.*

Liste des membres du Bureau, des rapports préliminaires et des communications
annoncées. 87

ALLEMAGNE. — Des silos à blés en Allemagne, par M. le Dʳ ROESICKE. 88

ÉTATS-UNIS D'AMÉRIQUE. — L'organisation de la vente des blés dans l'Amérique
septentrionale, par M. le Dʳ Gustave RUHLAND. 97

LUXEMBOURG. — La vente des produits agricoles au grand-duché de Luxembourg,
par M. l'abbé WAMPACH. 102

Le point d'exportation des blés français, par M. BOURGAREL. 105

De certaines modifications des lois de douane en vue de la hausse des prix du
blé, par M. Ch. GUERNIER 110

Notice du Bureau international de Fribourg. 117

ANNEXES

Modèle de procuration notariée d'un associé pour le warrantage. 123

Programme d'un cours d'enseignement pour les Kornhæuser 124

Renseignements pratiques pour le Congrès. 126

www.ingramcontent.com/pod-product-compliance
Lightning Source LLC
Chambersburg PA
CBHW062036200326
41519CB00017B/5052